SCHÖNE TRAKTOREN

PORTRÄTS

anschaulicher

MODELLE

SCHÖNE TRAKTOREN

PORTRÄTS

anschaulicher MODELLE

Mit freundlicher Genehmigung der
Paul Rackham Collection

von RICK MANNEN
fotografiert von CLIVE STREETER

Vorwort von STUART GIBBARD

This book was conceived, designed and produced by

Ivy Press

210 High Street, Lewes, East Sussex, BN7 2NS, UK

Copyright für die deutsche Ausgabe
© LV·Buch im Landwirtschaftsverlag GmbH, Münster-Hiltrup, 2012

Fotos: **Clive Streeter**
außer Istockphoto/Ralf Hettler, S. 10
        SF photo/Shutterstock.com, S. 12
        Istockphoto/Roman Ponomarets, S. 13
        Istockphoto/SimplyCreativePhotography, S. 14
Illustrationen: **David Anstey**
Gestaltung: **Ginny Zeal**
Übersetzung: **Dorothea Raspe**, Münster

ISBN 978-3-7843-5179-7

INHALT

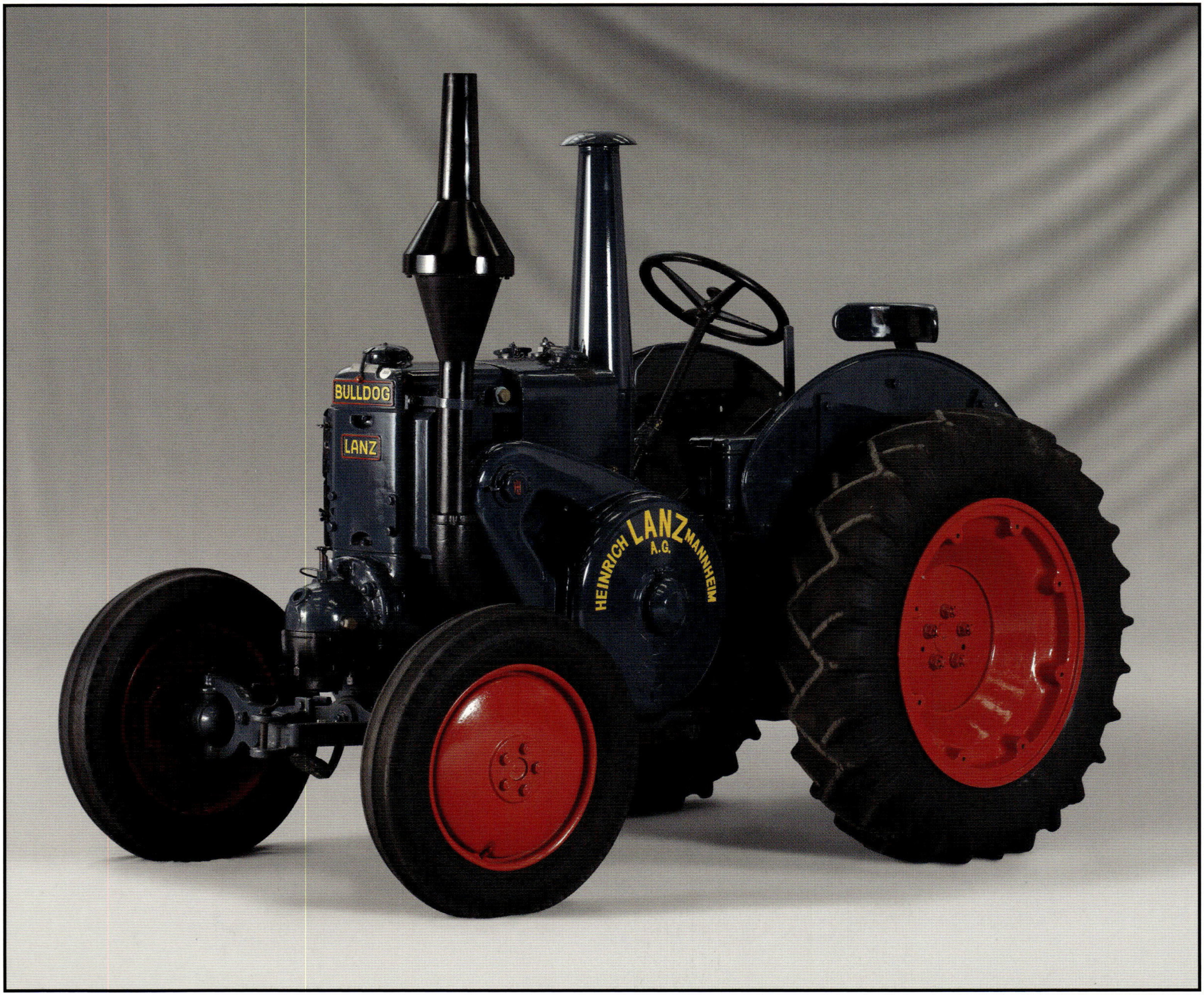
BULLDOG
LANZ
HEINRICH LANZ A.G. MANNHEIM

VORWORT

DIE DREI FAKTOREN, DIE IM VERGANGENEN Jahrhundert vermutlich den größten Einfluss auf die moderne Landwirtschaft hatten, sind Pflanzenzucht, chemische Pestizide und Traktoren. Es ist schwierig, die beiden Erstgenannten zu verklären, da es sich bei ihnen um zweifellos wichtige – wenngleich umstrittene – Durchbrüche handelt. Bei den Traktoren ist das anders: Sie sind für eine ständig wachsende Gruppe hingebungsvoller Enthusiasten Objekte der Leidenschaft geworden.

Traktoren, die auf den Feldern arbeiten und unsere Nahrung heimbringen, sind Teil des Landlebens geworden. Fast alle, die in ländlicher Umgebung leben, haben irgendwann in ihrem Leben Kontakt mit ihnen – vielleicht haben sie auf einem typischen „grauen Fergie" fahren gelernt oder sie sehen den neuesten John Deere an ihrem Fenster vorbeifahren. Der Einfluss der Traktoren erstreckt sich bis in die Städte, wo Industrietraktoren verschiedenste Arbeiten ausführen – von der Abfallbeseitigung bis zum Schneeräumen.

Ich bin auf einem Bauernhof aufgewachsen und als Kind erwachte mein Interesse an Landmaschinen, als ich unsere Teppiche mit meinen Spielzeugtreckern „bewirtschaftete". Als ich alt genug war, um die richtigen Maschinen zu bedienen, genoss ich es, mir die Feinheiten der Wartung und die Technik des Pflügens anzueignen. Später ging ich andere Wege, wurde Journalist, recherchierte und schrieb – natürlich über Traktoren!

Mein Interesse daran hat niemals nachgelassen und inzwischen sammle ich seit fast 40 Jahren Oldtimer-Traktoren. In dieser Zeit habe ich mitverfolgt, wie sich das Hobby auch anderweitig entwickelte, nicht nur in meiner Heimat Großbritannien, sondern auch in Nordamerika, Irland oder auf dem europäischen Festland. So sind weltweit große Sammlungen entstanden.

Paul Rackham aus dem englischen Norfolk besitzt eine wunderbare Vielfalt von Traktoren und einige seiner Glanzstücke finden sich auf den umwerfenden Fotos in diesem Buch. Die Maschinen werden durch die informativen Texte – geschrieben von meinem Freund und Historikerkollegen Rick Mannen – lebendig. Lesen Sie sie und entdecken Sie, was genau uns an diesen sagenhaften Biestern fasziniert.

Zu einem gewissen Grad veranlasst uns sicherlich Nostalgie dazu, Traktoren zu sammeln, aber das ist längst nicht alles. Ein Traktor ist pure mechanische Kraft in ihrer Reinform – viel mehr als nur eine Ansammlung von Gängen und Zähnen, Guss und Stahl. Er hat ein Herz, ein Leben und ist eine wahrhaft wunderschöne Maschine. Es ist, wie einst Harry Ferguson sagte: „In der Technik ist das schön, was einfach ist, keine überflüssigen Teile hat und genau seinen Zweck erfüllt."

Stuart Gibbard, November 2011

EINFÜHRUNG

Sᴄʜöɴᴇ Tʀᴀᴋᴛᴏʀᴇɴ ꜱᴇᴛᴢᴛ ᴇɪɴᴇ ʙᴇʟɪᴇʙᴛᴇ Buchreihe fort, die sich – bis jetzt – auf hervorragende Tierrassen konzentriert hat. Aber auch ein historischer Traktor kann den (guten oder schlechten) Charakter eines Hoftiers zeigen. So manch Bauer hat seinen Traktor gelobt oder verflucht, aber am Ende eines Arbeitstages hat er ihn zurück in den Stall gestellt und zärtlich abgewischt, ebenso wie sein liebstes Zugpferd. Schließlich war der Traktor eine seiner größten Investitionen. Ein Landwirt konnte stolz darauf sein, wenn er mit einem gut aussehenden Traktor seine Felder bearbeitete. Dieser verkörperte Klasse, Kraft und Modernität und wurde schnell mehr als nur ein weiteres Hofgerät.

Auf diesen Seiten finden Sie eine außergewöhnliche Auswahl von Traktoren aus dem 20. Jahrhundert, die Teil von Paul Rackhams Sammlung sind. Sie zeigen eine Palette von Stilen: von den primitiven, wuchtigen Oldtimern bis zu den klassischen, stromlinienförmigen Schätzchen der Nachkriegszeit. Details zu Geschichte, Merkmalen, Nutzung, verwandten Typen, Größe und Verbreitung begleiten die ausgezeichneten Fotos.

Vom Oldtimer zur modernen Maschine: Traktoren legen eine beeindruckende Bandbreite technischer Fähigkeiten an den Tag.

Diese Vielfalt vertieft die Anziehungskraft, die historische Traktoren heutzutage ausüben. Wie viele erwachsene Männer erinnern sich daran, dass sie in ihrer Jugend einen lautstarken Oil Pull, einen stromlinienförmigen Allis-Chalmers oder einen Aufsehen erregenden John Deere gesehen haben und davon träumten, sie eines Tages selbst zu fahren?

Traktoren haben sich nach dem Zweiten Weltkrieg zu Objekten der Begierde für Sammler entwickelt, die sich in einem nostalgischen Anflug nach den ruhigeren Zeiten der Vergangenheit sehnten. Damals waren sie noch für einen Apfel und ein Ei zu bekommen. In den sechziger Jahren erkannte man allmählich ihren Wert und die Preise stiegen.

In einigen Gegenden waren viele alte Traktoren im Krieg verschwunden, aber aufgrund der Entwicklung der Containerschifffahrt können Traktoren heutzutage weltweit verschifft werden und Liebhaber freuen sich, wenn sie einen ungewöhnlichen Typ, nach dem sie lange gesucht haben, in ihre Sammlung integrieren können.

DIE NACHFRAGE NACH TRAKTOREN

DAS ZEITALTER DER TRAKTOREN IST NUR EIN kurzes Kapitel in der Landwirtschaftsgeschichte. In den frühen Tagen jagten Menschen Wild und sammelten die Gaben der Natur: Obst, Nüsse und Pflanzen. Als aber die Bevölkerung wuchs, sahen die Menschen die Notwendigkeit, verlässlichere Nahrungsquellen zu sichern, und fingen an, Getreide anzubauen. Lange Zeit ging man davon aus, dass der Ackerbau im „fruchtbaren Halbmond" im heutigen Nahen Osten entstand, aber es gibt andere Hinweise, dass er in vielen Regionen der Welt gleichzeitig begann. Viele Jahrhunderte lang war die Arbeit von Mensch und Tier die einzige Möglichkeit, den Boden zu bestellen und das Getreide zu ernten.

In der industriellen Revolution des 18. und 19. Jahrhunderts gingen menschlicher Fortschritt und Erfindungen Hand in Hand. Technische Neuerungen und eine fortschreitende Mechanisierung verwandelten allmählich Anbaumethoden, nach denen man seit biblischen Zeiten gearbeitet hatte. Aber alle neuen Maschinen hatten ihren Preis, und dieser

Die Einführung der Dampfmaschinen verwandelte Anbaumethoden, nach denen man seit biblischen Zeiten gearbeitet hatte.

Preis war ein Streben nach Macht. Dass James Watts Dampfmaschine aus den späten 1770er Jahren den Bauern Nutzen bringen würde, war nicht sofort offensichtlich. Die Verwendung kleinerer, transportabler Dampfmaschinen setzte im späten 18. Jahrhundert ein und die ersten Zugmaschinen tauchten Mitte des 19. Jahrhunderts auf. In England ist der erste Einsatz einer Dampfmaschine beim Dreschen für 1799 in Yorkshire verzeichnet.

In Amerika kam das Dampfdreschen nicht vor etwa 1850 in Mode. Die immense Größe der Great Plains Nordamerikas verlangte entsprechende Gerätschaften. Zu Beginn des 20. Jahrhunderts produzierten Amerikaner, Kanadier und Briten mächtige Zugmaschinen, die speziell zu diesem Zweck geschaffen waren. Aber die Ära der Dampfmaschinen auf den Höfen währte nur kurz. In einigen Gegenden, wie auf den baumlosen Flächen von Saskatchewan in Kanada, musste Treibstoff für die riesigen Dampfmaschinen herangeschafft werden. Andere Arten der Bodenbearbeitung wurden benötigt.

DIE ERSTEN TRAKTOREN

EBENSO WIE DER FRÜHE ACKERBAU IN VERSCHIEDENEN Teilen der Welt begonnen hatte, entstand der Verbrennungsmotor – oder „Explosionsmotor", wie er anfangs genannt wurde. Der Riesenschritt zur praktischen Umsetzung gelang in den späten 1870er Jahren dem Deutschen Nikolaus Otto mit seinem Viertakt-Verbrennungsmotor mit elektrischer Zündung. Wesentlichen Anteil an der Entwicklung hatte auch ein anderer Deutscher: Rudolf Diesel, dessen Patente aus den 1890er Jahren zu dem nach ihm benannten Motor und Kraftstofftyp führten. Diese Männer schufen Konstruktionen, die noch heute verwendet werden.

Die Charter Gas Engine Company in Illinois war eine der ersten amerikanischen Gesellschaften, die diese Idee aufgriff und schon 1889 Verbrennungsmotoren in Zugmaschinen einbaute. Eine Reihe von Firmen sprang auf den fahrenden Zug auf und Namen wie Case und International Harvester sind noch heute so bekannt wie damals. Im Jahre 1892 baute John Froelich einen Traktor, der als direkter Vorläufer der berühmten John-Deere-Linie angesehen werden kann.

Die ersten Traktoren wurden mit den Landwirten der Great Plains im Hinterkopf gebaut. Sie waren robust und hauptsächlich für Drescharbeiten geeignet, nicht für die schweren Pflugarbeiten. Die meisten besaßen Ein- oder Zweizylindermotoren, die mit Benzin starteten und warmliefen und anschließend mit Kerosin oder anderem preiswerten Kraftstoff betrieben wurden. In jenen Tagen war Kerosin nur halb so teuer wie Benzin. Obwohl diese Motoren ordentlich funktionierten, waren Zündung, Vergaser und Getriebe noch nicht ausgefeilt genug, dass sie vollkommen verlässlich arbeiteten.

Anfänglich wurden die Maschinen als Lokomobilen bezeichnet. Der amerikanischen Firma Hart Parr, niedergelassen in Charles City, Iowa, gebührt die Ehre, im Jahre 1902 erstmals das Wort „Traktor" verwendet zu haben. Das Wort kommt ursprünglich aus dem Lateinischen trahere, was „ziehen, schleppen" bedeutet. Die Firma Hart Parr war gegründet worden, um Traktoren mit Verbrennungsmotor zu bauen und sich von Firmen, die Dampfmaschinen bauten, abzusetzen.

John Froelichs Traktor von 1892 gilt als direkter Vorläufer der John-Deere-Linie.

DIE ENTWICKLUNG DER FRÜHEN TRAKTOREN

IN DIESEN FRÜHEN ZEITEN WAR SO MANCHES PRODUKT, das die Landwirte erreichte, von so schlechter Qualität, dass es kaum von Nutzen war. Es war offensichtlich, dass bestimmte Industriestandards übernommen werden mussten. Anfangs konnten sich potenzielle Käufer nur auf die Ehrlichkeit der Hersteller und die Angabe ihrer annoncierten Pferdestärken verlassen. Im Jahre 1908 entwickelte die Winnipeg Motor Competitions die ersten wissenschaftlichen Tests, bei denen sie qualifizierte Beobachter und Instrumente eingesetzt hatten. Diese halfen dabei, die Spreu vom Weizen zu trennen. An der Universität von Nebraska, USA, wurden diese Tests schließlich standardisiert und jeder Traktorenproduzent in Nordamerika war dazu verpflichtet, seine Traktoren diesen Tests zu unterziehen.

Viele Firmen konzentrierten sich darauf, Traktoren für die schweren Arbeiten zu bauen: das Aufbrechen der riesigen Flächen, die rund um die Welt zur Bebauung benötigt wurden. Das waren die gewaltigen „Prärietraktoren", die dazu bestimmt waren, die Arbeit zu verrichten, die bis dahin von Dampfmaschinen

Das Design früher Traktoren spiegelt das Bedürfnis nach starken schweren Maschinen wider, die neues Land zur Besiedlung bearbeiten konnten.

erledigt worden war. Sie waren nicht länger unzuverlässige Experimente von Vorreitern, sondern stark, wuchtig, arbeitsbereit und langlebig! Bei einem Preis von über 3000 $ waren sie aber für den Durchschnittsfarmer zu teuer.

Hart Parr, Rumely, International Harvester und Kinnard-Haines gehören zu den erfolgreichen amerikanischen Firmen, Sawyer-Massey und Goold Shapley & Muir zu den kanadischen. Der bekannte Dampfzugmaschinen-Hersteller Marshall, Sons & Co. aus dem englischen Gainsborough baute schwere Traktoren für die Präriearbeiten in Kanada und anderswo. Auf dem europäischen Festland gab es ebenfalls Traktorenhersteller, deren Präriegiganten ihren Weg in die russischen und ukrainischen Steppen fanden, nach Südafrika, Australien und Argentinien.

Zu dieser Zeit waren auch die ersten Ansätze einer Vielfalt im Traktorendesign zu finden. Saunderson aus dem englischen Bedford begann, leichtere Modelle für die kleineren Höfe im Osten von Nordamerika, England und Europa anzubieten.

TRAKTOREN IM ERSTEN WELTKRIEG

SCHON BALD WAR DIE PRÄRIE DURCHGEPFLÜGT UND die großen Traktoren wurden dazu degradiert, auch Drescharbeiten zu übernehmen. Aber dann brach 1914 der Erste Weltkrieg aus. Viel zu viele junge Männer wurden eingezogen, die eigentlich benötigt wurden, um das dringend notwendige Getreide einzufahren. So entstand der Wunsch nach einem neuen leichten und preiswerten Traktorentyp, der Arbeiten verrichten konnte, die früher Aufgabe von Pferden waren. Diese immense Nachfrage nach Traktoren führte dazu, dass Traktorenfirmen – von den jeweiligen Regierungen ermutigt – wie Pilze aus dem Boden schossen.

Der amerikanische Automobilpionier Henry Ford arbeitete mit der britischen, kanadischen und amerikanischen Regierung daran, einen neuen Traktorentyp zu schaffen, der die Nahrungsmittelproduktion während des Krieges unterstützen konnte. Der Fordson hatte ein einfaches Design und wurde mithilfe von Fords Fließbandtechnik gebaut, dadurch war er relativ billig. Er zeichnete sich durch die sogenannte „rahmenlose Bauweise" aus, eine Neuerung, die Gewicht und Kosten der Traktoren senkte. Frühere Traktoren hatten schwere Rahmen, um Motoren- und Getriebeteile zu tragen, während beim Fordson die Motoren- und Getriebeteile selbst den Rahmen bildeten. Andere Firmen waren gezwungen, ähnliche Entwürfe anzubieten.

Hofarbeiter zogen im Pferdezeitalter in den Krieg und kamen in der Flugzeugära heim. Viele hatten zum ersten Mal motorisierte Maschinen bedient und gelernt, wie man sie instand hält und repariert. Nur wenige hatten Lust, auf den Hof zurückzukehren und mit alten Pferden zu arbeiten. Um diese jungen Männer zu halten, mussten die Besitzer eine Modernisierung in Erwägung ziehen!

Der Erste Weltkrieg beschleunigte die technische Entwicklung erheblich. Militärpanzer und andere Kettenfahrzeuge wurden gebaut und zogen die Aufmerksamkeit der Traktorenbauer auf sich. Viele Automobilhersteller in Europa fassten gegen Ende des Krieges auf dem Traktorenmarkt Fuß und die Industrie nahm internationale Dimensionen an.

Der Fordson, auf den Markt gebracht von Henry Ford, kündigte das Zeitalter der leichteren Traktoren auf den Höfen an.

MODERNE TRAKTOREN

GRÖSSERE NEUERUNGEN ERREICHTEN DIE Traktorenindustrie in den Jahren zwischen den beiden Weltkriegen. Dazu gehörten die verbreitete Nutzung von Dieselmotoren, Luftreifen, Zapfwellen, die Ferguson-Aufhängung und andere hydraulische Systeme. Die ersten erfolgreichen Allradfahrzeuge kamen auf den Markt. Der Zweite Weltkrieg brachte weitere technologische Fortschritte. Viele Firmen, die zuvor Traktoren gebaut hatten, verlegten sich nun auf die Produktion von Flugzeugen. Als der Krieg vorüber war, konnten sie auf die Erfahrungen ihrer sachkundigen Ingenieure zurückgreifen, um komplexere Maschinen zu entwickeln, die von den Landwirten gefordert wurden.

In der Nachfolge der stromlinienförmigen Gestaltung im Transportwesen schlossen viele Firmen – darunter International Harvester, John Deere, Allis-Chalmers und Cockshutt – Verträge mit bekannten Designern wie Raymond Loewy und Mitgliedern der amerikanischen Gesellschaft der Industriedesigner, um neue Formen zu entwickeln. Diese Gruppe hatte ihre Wurzeln im Art déco und Bauhaus, Be-

Heutzutage werden zunehmend elektronische Systeme eingesetzt, um beispielsweise die Hydraulik zu kontrollieren.

wegungen in den 1920er Jahren, die Ästhetik und Nützlichkeit miteinander verbanden. Nur weil die Dinge nützlich sind, heißt das nicht, dass sie nicht auch schön sein können!

Bequemlichkeiten wie geschlossene Kabinen wurden selbstverständlich und es gab Radios, Heizungen und sogar Klimaanlagen. In den frühen 1960er Jahren erreichten die Traktoren die 100-PS-Grenze und der Wettbewerb, sie noch größer und stärker zu machen, hatte begonnen. Auch landwirtschaftliche Geräte erlagen dem Zeitalter der Computerisierung und des technischen Fortschritts: Joysticks steuern den Antrieb und die Hydraulik. Der Fahrer kann sich auf die Satellitensteuerung verlassen und lehnt sich auf einem Polstersitz in seiner vollklimatisierten, staub- und schalldichten Kabine zurück, während seine Stereoanlage läuft und der Traktor wie von selbst an den Reihen entlangfährt.

Die Traktorenindustrie des 21. Jahrhundert ist – mehr denn je – eine internationale Angelegenheit, wobei heutzutage eine große Vielfalt aus Asien kommt.

TRAKTOREN SAMMELN

IM ZWEITEN WELTKRIEG WAREN VIELE ALTE TRAKTOREN in den Metallsammlungen aufgegangen und man war besorgt, sie könnten allesamt verschwinden. Schon in den 1940er Jahren begannen vorausschauende Liebhaber, alte Stücke für öffentliche Museen und Privatsammlungen zu sichern, und organisierten erste Treffen. Aus diesen Veranstaltungen entwickelte sich eine ganze Bewegung, in der man alte Traktoren konservierte, restaurierte und fuhr sowie Vereine gründete. Traktorenschauen haben sich in der ganzen Welt etabliert und erstrecken sich von kleinen lokalen Treffen bis hin zu Riesenveranstaltungen über mehrere Tage. Dabei werden Vorführungen immer beliebter, denn die jüngeren Generationen wollen die alten Maschinen tatsächlich bei der Arbeit erleben. Auch das sogenannte Tractorpulling, bei dem beladene Anhänger zum Spaß oder im Wettbewerb gezogen werden, hat sich zum Publikumsmagnet entwickelt.

Die Instandsetzung ist anhängig von den Möglichkeiten der Besitzer, seinen oder ihren mechanischen Fähigkeiten, dem Budget und den Vorlieben. Einige Sammler nutzen ihre Traktoren nur für Umzüge und Ausstellungen und legen eher Wert auf Äußerlichkeiten. Andere ziehen es vor, die Maschinen so zu belassen, wie sie sie gefunden haben – mit allen Gebrauchsspuren. Wieder andere wollen sie von Grund auf instand setzen, um mit ihnen zu arbeiten. Die Interessen der Sammler ändern sich mit der Zeit und viele suchen heutzutage eher die Klassiker, mit denen sie aufgewachsen sind, da für die frühen Prärietraktoren inzwischen sechsstellige Beträge gezahlt werden. Manche spezialisieren sich auch auf die kleineren Modelle.

Auf den größeren Traktorenschauen findet man inzwischen Wertungen und Preisverleihungen, allerdings sind diese selten so formalisiert wie bei Automobilen oder Tierrassen. Preisrichter beurteilen dabei die Verwendung von Originalersatzteilen sowie die Qualität der mechanischen und kosmetischen Instandsetzung. Für die meisten Sammler ist es aber viel wichtiger, sich mit Gleichgesinnten über ihre wunderbaren Traktoren auszutauschen.

Traktorschauen geben Sammlern und Liebhabern die Gelegenheit, ihre Maschinen zu bewundern und zu vergleichen.

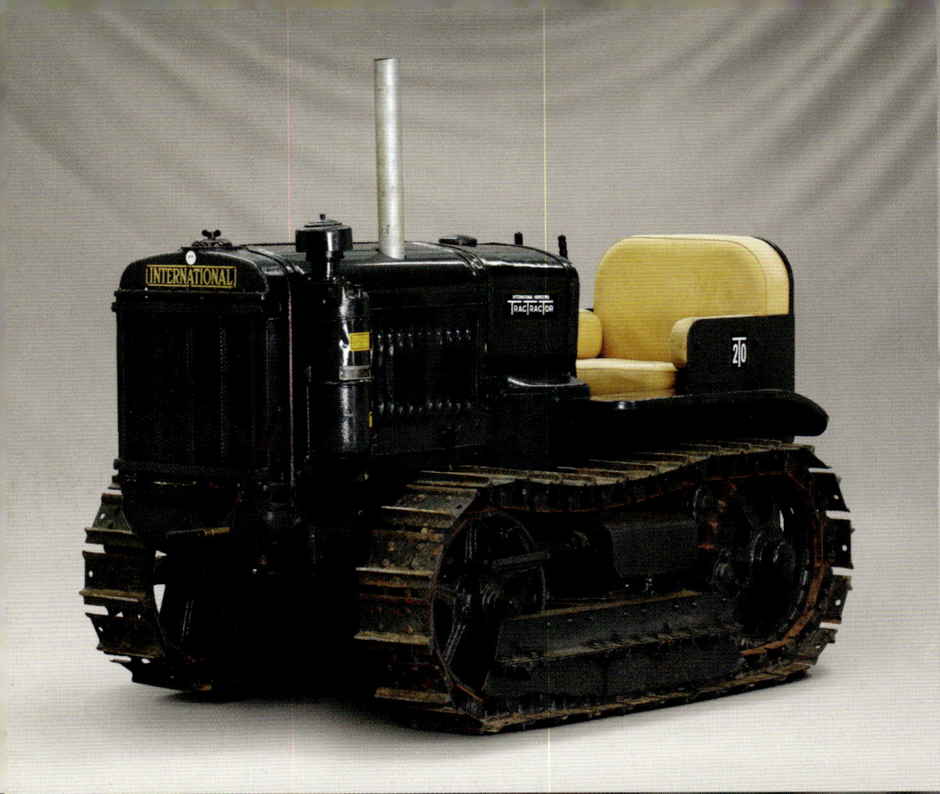
INTERNATIONAL

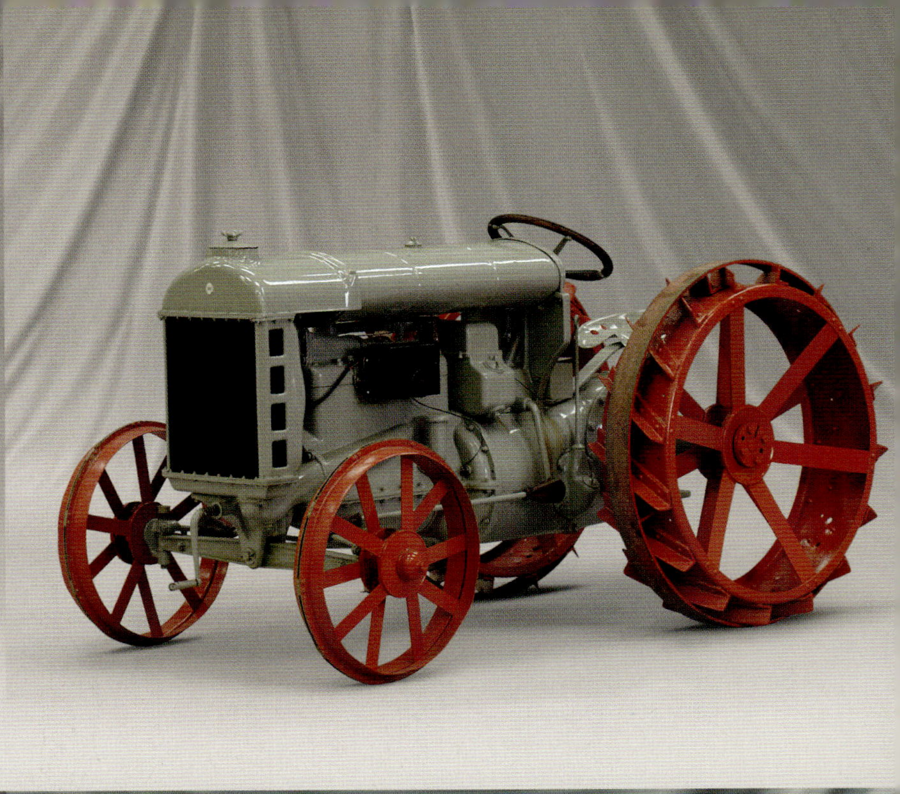

NUFFIELD 342
5482UN

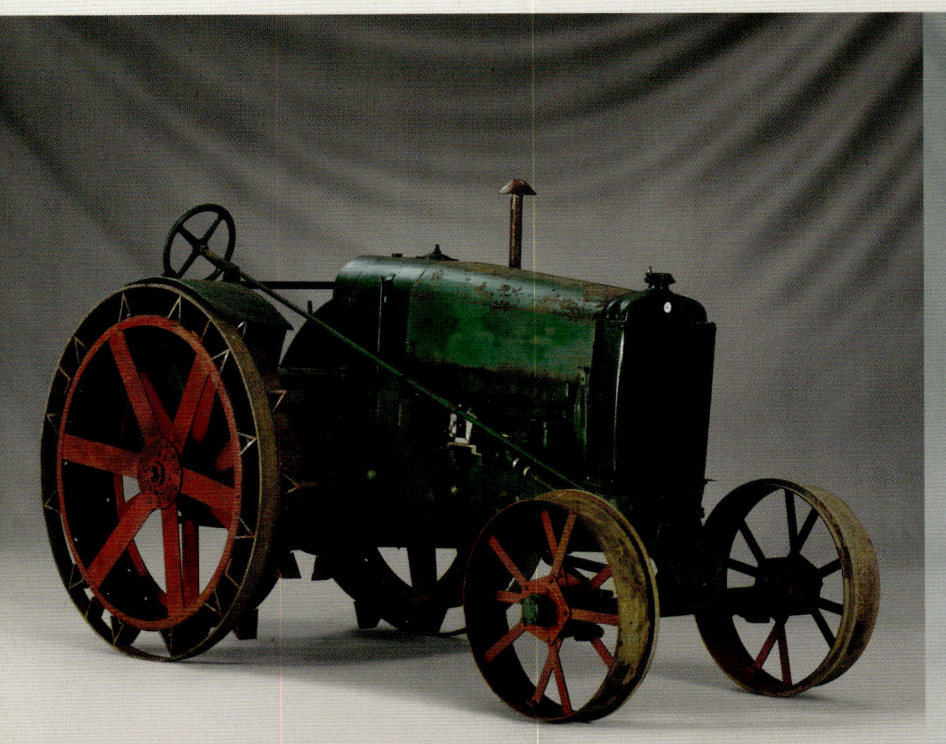

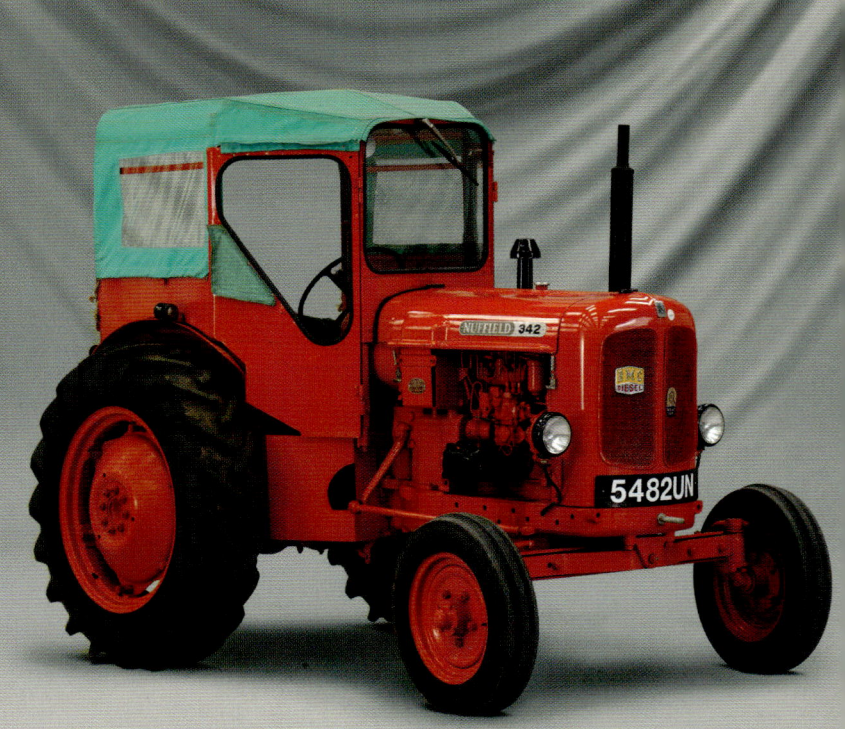

DIE TRAKTOREN

Kann man sich *auf den ersten Blick* in einen FERGUSON verlieben oder einem *John Deere* so zugetan sein wie einem geliebten Haustier? Die Antworten auf diese Fragen können nur JA lauten. Sammler von Oldtimer-Traktoren lieben ihre stählernen Arbeitstiere – wie *verrückt* und *aus tiefstem Herzen*. Und die folgenden Seiten zeigen Ihnen, warum …

FERGUSON-BROWN A

GROSSBRITANNIEN, 1937

Harry Ferguson aus Belfast, Nordirland, entwickelte ein bahnbrechendes System mit hydraulischer Aufhängung und Zugkontrolle. Ab 1936 arbeitete er mit der David Brown Company zusammen, um das System als FERGUSON-BROWN oder TYP A herzustellen. Produziert wurde bis 1939, als Ferguson nach Amerika ging, um mit Henry Ford zusammenzuarbeiten.

Merkmale

Anfänglich hatte der Ferguson-Brown einen Coventry-Climax Vierzylinder-Benzinmotor, wechselte aber ab ca. 1937 zu einem David-Brown-Motor. Er besaß ein Dreiganggetriebe und war der Erste, der über die zukunftsweisende Hydraulik und Dreipunkt-aufhängung mit Zugkontrolle verfügte. Ferguson hatte offensichtlich ein Faible für die Farbe Grau.

Nutzung

Der Ferguson-Brown war als leichter Pflugtraktor ausgelegt. Er verfügte über verschiedene Geräte, die per Dreipunktaufhängung oder Riemenscheibe angebaut werden konnten. Heutzutage ist er ein begehrtes Sammlerstück.

Verwandte Typen

Der Ferguson-Brown entwickelte sich zu dem beliebten Ford-Ferguson und später zum TE-20 Ferguson. David Brown nutzte seine Erfahrungen mit Ferguson bei seinem eigenen VAK 1 Traktor von 1939.

Leistung und Größe

20 PS; Gewicht: 839 kg
Länge: 287 cm
Breite: 147 cm
Höhe: 119 cm

Herstellung und Verbreitung

Dieses Modell wurde in David Browns Park-Gear-Werken in Huddersfield hergestellt, wobei Harry Ferguson den Vertrieb übernahm. Er kostete fast doppelt so viel wie der populäre Fordson, daher wurden nur 1350 Stück gebaut und in Großbritannien verkauft.

Huddersfield, England

ALLIS-CHALMERS B

USA, 1939

Allis-Chalmers (A-C) war um die Jahrhundertwende in Milwaukee, Wisconsin, gegründet worden. Dort begann die Produktion 1914 mit leichtgewichtigen Traktoren und die Firma entwickelte sich schnell zu einem der größten Landmaschinenhersteller weltweit. Der Typ B war eins der beliebtesten Modelle für Kleinbauern und Gemüsezüchter.

Merkmale

Der Typ B hatte einen mit Benzin oder Destillat betriebenen Vierzylindermotor. In Großbritannien wurde er auch mit Dieselmotor angeboten. Die Traktorenreihe von A-C wurde in Persisch Orange lackiert, mit modernistischen Blechteilen, konzipiert von dem amerikanischen Industriedesigner Brooks Stevens.

Nutzung

Eine ausgezeichnete Bodenfreiheit und die verstellbare Spurweite machten den Typ B perfekt für Gartenbaubetriebe, außerdem war eine Reihe von Anbaugeräten erhältlich. Er wird nach wie vor für Arbeiten eingesetzt und ist auf Schauen sehr beliebt.

Verwandte Typen

Eine Variante für Reihenkulturen, der Typ C, mit etwa der gleichen Leistung kam 1940 auf den Markt. Ein etwas größerer Typ EB wurde in Großbritannien gebaut.

Leistung und Größe

16 PS; Gewicht: 1021 kg
Länge: 279 cm
Breite: 132–157 cm (verstellbar)
Höhe: 196 cm

Herstellung und Verbreitung

Über 120.000 Stück wurden zwischen 1937 und 1957 in Milwaukee produziert. Einige Exemplare befinden sich in Großbritannien, Europa, Australien und Neuseeland.

Wisconsin,
USA

JOHN DEERE R

USA, 1954

Als einer der ersten John-Deere-Traktoren wurde der Typ D 1923 eingeführt. 1949 wurde er durch den Typ R ersetzt, den ersten Dieseltraktor der Firma und zugleich ihr größter. Als er die Nebraska-Tests durchlief, erwies er sich als überaus kraftstoffsparend. Das professionelle Styling von Industriedesigner Henry Dreyfuss gab ihm eine besondere Note.

Merkmale

Der liegende Zweizylinder-Dieselmotor wurde mit einem kleineren Benzinmotor gestartet. Er hatte ein Fünfganggetriebe, eine Zapfwelle mit Dauerantrieb und John Deeres Regelhydraulik „Powr Trol". Lackiert war er im typischen Grün und firmeneigenen Gelb.

Nutzung

Der Typ R war der erste „große" Traktor für viele Landwirte und für Zug- und Drescharbeiten geeignet. Mit seinem unverwechselbaren Zweizylinderklang ist der R heutzutage auf jedem Oldtimer-Treffen eine Attraktion und beim Traktorpulling kaum zu schlagen.

Verwandte Typen

Der R wurde vom Modell 80 abgelöst. Die ähnlichen Typen 720, 820, 730 und 830 beendeten 1960 das Zweizylinder-Dieselzeitalter.

Leistung und Größe

43 PS; Gewicht: 3447 kg
Länge: 373 cm
Breite: 202 cm
Höhe: 198 cm

Herstellung und Verbreitung

Der Typ R wurde von 1949 bis 1954 in den Firmenwerken in Waterloo, Iowa, gebaut, und zwar rund 21.000 Stück. Er war besonders beliebt in Nordamerika und Australien, wurde aber auch in Europa und Neuseeland verkauft.

Iowa, USA

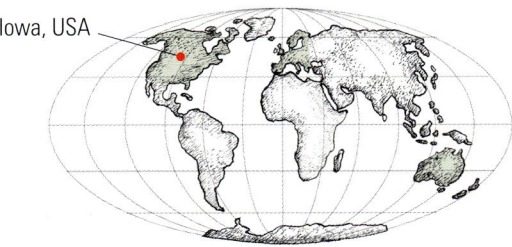

FERGUSON TE-20

GROSSBRITANNIEN, 1947

Als sich die Partnerschaft mit Henry Ford nach dem Zweiten Weltkrieg verschlechterte, kehrte Harry Ferguson nach Großbritannien zurück und baute – erstmals 1946 – den Typ TE-20. Allerdings gründete er auch ein Werk in Detroit und brachte ab 1948 die amerikanische Version, den TO-20, heraus. 1953 verkaufte er die Firma an Massey-Harris Co. aus Toronto, die sich schließlich zu Massey-Ferguson entwickelte.

Merkmale

Der erste TE-20 hatte einen Continental Vierzylinder-Benzinmotor; spätere Varianten einen Motor der Standard Motor Co. Auf Wunsch gab es für britische Händler einen Dieselmotor. Der „Fergie" war in der Farbe lackiert, die später als Ferguson-Grau bezeichnet wurde.

Nutzung

Der TE-20 wurde als Zwei-Pflug-Traktor eingestuft und verfügte über das innovative Ferguson-System mit Dreipunktaufhängung. Mit dem Vierganggetriebe war er meist sehr zuverlässig. Eine auf Wunsch hinten montierte Riemenscheibe erhöhte seine Vielfalt.

Verwandte Typen

Die Ford-Ferguson 9N und 8N waren Konkurrenten mit ähnlicher Leistung. Twenty80 und Twenty85 waren ähnliche Typen, bestimmt für den kanadischen Markt.

Leistung und Größe

24 PS; Gewicht: 1089 kg
Länge: 292 cm
Breite: 163 cm
Höhe: 142 cm

Herstellung und Verbreitung

Der TE-20 wurde ab 1946 in den Werken der Standard Motor Company in Coventry hergestellt und erreichte hervorragende Verkaufszahlen in Großbritannien, Nordamerika, Europa, Australien, Neuseeland und Südafrika.

Coventry, England

ALLIS-CHALMERS U

USA, 1933

Der Typ U war aufgrund seiner Luftbereifung ein echter Pionier. 1933 engagierte A-C, gemeinsam mit dem Reifenhersteller Firestone, den amerikanischen Rennfahrer Barney Oldfield, der mit dem Typ U auf die Herbstausstellungen in Amerika fahren sollte. Dabei erreichte er eine noch nie dagewesene Spitzengeschwindigkeit von 64 Stundenmeilen. A-C wurde 1985 in Deutz-Allis umbenannt und 1990 Teil des Landmaschinenkonzerns AGCO.

Merkmale

Der erste Typ U hatte einen Continental Vierzylinder-Motor, eine spätere Version einen A-C-Motor bei vier Vorwärtsgängen. Sein Aussehen war zweckmäßig mit minimalem Styling, aber er war in traditionellem Persisch Orange lackiert. Auf Wunsch war er auch mit Stahlrädern erhältlich.

Nutzung

Der Typ U ließ sich bei Zugarbeiten vielfältig einsetzen und war mit Gummibereifung als Transporter äußerst nützlich. Eine standardmäßig seitlich montierte Riemenscheibe war zum Dreschen und Mahlen perfekt.

Verwandte Typen

Obwohl er sich vom International Harvester 15-30 erfreulich abhob, war der U der Letzte in der Linie der wenig gestalteten Traktoren für A-C.

Leistung und Größe

30 PS; Gewicht: 2087 kg
Länge: 301 cm
Breite: 160 cm
Höhe: 136 cm

Herstellung und Verbreitung

Erstmalig gebaut wurde er 1929–30 für die United Tractor & Equipment Co. in Chicago, Illinois, bis etwa 1944 in ca. 10.000 Exemplaren für den eigenen Vertrieb von A-C. Die Traktoren gingen nach Nordamerika, Europa, Australien and Neuseeland.

Illinois, USA

FRENCH AUSTIN R

FRANKREICH, 1928

Herbert Austin begann 1918 mit dem Entwurf von Traktoren in seinen Automobilwerken in Birmingham und die ersten Modelle erschienen im darauffolgenden Jahr. Im gleichen Jahr eröffnete er ein Werk in Liancourt, Frankreich. Dort wurde der Großteil der Traktoren produziert, inklusive des Typs R. Die französischen und britischen Modelle waren anfangs nahezu identisch, dabei wurden in England Bauteile für die Fertigung in Liancourt hergestellt.

Merkmale

Der Motor des Typs R wurde an den Austin-Automotor angepasst und lief mit Benzin oder Kerosin. Der in Frankreich gebaute Traktor hatte drei Vorwärtsgänge. Seine Lackierung war dunkelgrün mit roten Rädern (hier abgebildet) oder hellblau mit roten Rädern.

Nutzung

Der Austin war dazu bestimmt, mit dem Fordson als leichter Universaltraktor zu konkurrieren. Als Attraktion wird ein Austin beim Schaupflügen nach wie vor punkten.

Verwandte Typen

Der SA3 und der DE30 waren Nachfolgemodelle aus Liancourt. Vom R gab es Varianten für Weinanbau und Industrie.

Leistung und Größe

20 PS; Gewicht: 1406 kg
Länge: 279 cm
Breite: 155 cm
Höhe: 140 cm

Herstellung und Verbreitung

In Birmingham wurde bis etwa 1932 produziert, im französischen Liancourt noch länger. Der R wurde in Europa, Australien und Neuseeland verkauft.

Birmingham, England   Liancourt, Frankreich

CATERPILLAR D2 (5J)

USA, 1942

Benjamin Holt konzipierte den Namen Caterpillar für seine Kettenfahrzeuge und gründete 1925 die gleichnamige Firma durch einen Zusammenschluss mit C.L. Best. Raupenschlepper verbreiteten sich im Ersten Weltkrieg nach dem Erfolg der Kampfpanzer, und der erfolgreiche Typ D2 erwies diesem Erbe die Ehre. Der Name Caterpillar hat sich trotz verschiedener Firmenfusionen und -übernahmen bis heute gehalten.

Merkmale

Der D2 war der kleinste Dieseltraktor der Firma, mit einem Vierzylindermotor, der mit einem Benzinmotor gestartet werden musste. Er besaß ein Fünfganggetriebe. Das charakteristische Caterpillar-Gelb ist in das Bewusstsein der Leute eingedrungen, war aber nie dazu gedacht, modisch zu sein – nur kraftvoll.

Nutzung

Der robuste D2 war für schwere Arbeiten ausgelegt und wurde vielfach in der Landwirtschaft, beim Bau und Militär eingesetzt. Alte „Cats" sind heute sehr beliebt und können nach wie vor für viele Arbeiten genutzt werden.

Verwandte Typen

Die Baureihe D umfasste fünf Größen bis zum kraftvollen D8. Der R2 war ähnlich, hatte aber einen Benzin-/Kerosinmotor.

Leistung und Größe

30 PS; Gewicht: 3107 kg
Länge: 272 cm
Breite: 168 cm
Höhe: 147 cm

Herstellung und Verbreitung

Gebaut wurde der D2 in Peoria, Illinois, häufig verkauft in Nord- und Südamerika, Europa, Australien und Neuseeland. Er wurde von 1938 bis 1957 hergestellt.

Illinois, USA

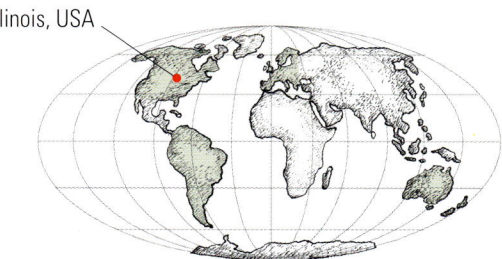

JOHN DEERE 3130

DEUTSCHLAND & SPANIEN, 1975

John Deere hatte sich seit 1918 in den USA einen Namen in der Traktoren-herstellung gemacht. Nach der Übernahme der deutschen Heinrich Lanz Traktoren-werke im Jahre 1956 fasste die Firma auch auf dem europäischen Markt Fuß. Der Typ 3130 ergänzte die 30er Baureihe, die zu Hause in Waterloo, Iowa, gebaut wurde.

Merkmale

Der 3130 war mit einem ausgezeichneten Sechszylinder-Dieselmotor ausgestattet und verfügte über 12 Vorwärtsgänge, auf Wunsch auch über Allradantrieb und Sicherheitskabine. Auf dem Foto zu sehen ist eine frühe Variante des Traktors im traditionellen Grün mit gelben Felgen.

Nutzung

Als Mittelklasse-Traktor gebaut, verfügte der 3130 über eine gute Geschwindigkeitswahl und ultramoderne Hydraulik. Er wurde nicht in hoher Stückzahl hergestellt, kommt aber heute als moderner Klassiker bei Sammlern zu seinem Recht.

Verwandte Typen

Der 3130 war Teil einer Reihe, die als Generation II oder 30er Serie bezeichnet wird. Der Typ 2840 ist ein ähnliches Modell, das in Deutschland zwischen 1977 und 1979 hergestellt wurde.

Leistung und Größe

97 PS; Gewicht: 4218 kg
Länge: 406 cm
Breite: 203 cm
Höhe: 249 cm

Herstellung und Verbreitung

Die Produktion wurde von 1973 bis 1979 zwischen den Werken in Mannheim und den Iberica-Werken in Getafe bei Madrid aufgeteilt. Das Design zielte auf den kanadischen Markt, einige Exemplare wurden aber auch in Europa verkauft.

Madrid, Spanien

Mannheim, Deutschland

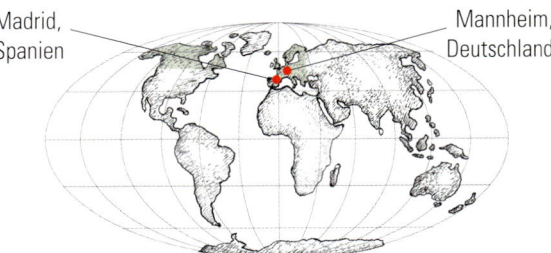

FORDSON MAJOR E27N

GROSSBRITANNIEN, 1950

Fordson verlegte 1933 seine Traktorproduktion nach England. Sein Typ N war – obwohl sehr erfolgreich – schnell überholt; das NACHFOLGEMODELL E27N hatte viele Verbesserungen, wurde aber durch den Krieg zurückgehalten. Fordson nannte ihn E27N Major, um ihn von seinen Vorläufern zu unterschieden und seine Vorzüge herauszustellen.

Merkmale

Der Major war dunkelblau lackiert, eine Farbe, die sich auch in der späteren Traktorenproduktion von Ford hielt. Ein Dreiganggetriebe und moderne Achsenantriebe gingen einher mit einer Dreipunkthydraulik. Ein Perkins-Dieselmotor wurde als Alternative angeboten.

Nutzung

Vielseitigkeit und Verlässlichkeit waren die Gütezeichen des Major. Mit einer höheren Bodenfreiheit als bei der alten N-Serie und der Möglichkeit, Anbaugeräte zu transportieren, wurde er häufig als Hackfruchtschlepper und bei traditionellen Arbeiten eingesetzt.

Verwandte Typen

Der E27N wich dem E1A (New Major) und dem Ford Dexta und war ein wesentliches Element in der Entwicklung der modernen Traktorenlinie von Ford.

Leistung und Größe

30 PS; Gewicht: 1860 kg
Länge: 338 cm
Breite: 165 cm
Höhe: 208 cm

Herstellung und Verbreitung

Der Major wurde von 1945 bis 1952 in Dagenham (Essex) gebaut und in Großbritannien, Nordamerika, Australien, Neuseeland und Südafrika verkauft. Insgesamt wurde fast eine Viertelmillion gebaut – ein Hinweis auf den Wunsch der Landwirte nach modernen Traktoren nach dem Stillstand des Zweiten Weltkriegs.

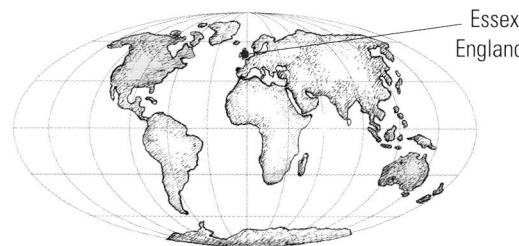

Essex, England

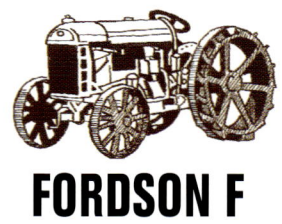

FORDSON F

USA, 1917

D er innovative Fordson-Typ F wurde mithilfe der kostensparenden Fließbandtechnik gebaut. Er wurde mit Unterstützung der britischen Landwirtschaftskammer als preiswerter, leichter Traktor entwickelt, um die Nahrungsmittelerzeugung im Krieg anzutreiben. Die ersten F-Typen wurden als MOM-Traktoren bezeichnet, wobei MOM die Abkürzung für Ministry of Munitions (Munitionsministerium) ist.

Merkmale

Ein Vierzylindermotor, ein Dreiganggetriebe und ein Achsenantrieb mit Schneckengetriebe waren die wesentlichen Komponenten, die Gewicht und Kosten senkten. Die Serie war geschmackvoll in Grau mit roten Felgen gehalten.

Nutzung

Der Fordson war ein Zwei-Pflug-Traktor und für leichte Feldarbeiten nutzbar. Andere Firmen begannen, Geräte herzustellen, die man an den allgegenwärtigen Fordson anbauen konnte. Die frühe MOM-Version ist heutzutage ein besonders begehrtes Sammlerstück.

Verwandte Typen

Der etwas kraftvollere Typ N wurde 1928 im irischen Cork hergestellt, später im englischen Dagenham und führte zu den bekannten Fordson-Major-Traktoren.

Leistung und Größe

10–20 PS; Gewicht: 1225 kg
Länge: 259 cm
Breite: 160 cm
Höhe: 140 cm

Herstellung und Verbreitung

Rund eine halbe Million Exemplare wurden von 1917 bis 1928 in Dearborn, Michigan, produziert. Die britische Regierung vertrieb die ersten 6000 Stück, und zwar in den USA, Kanada, Australien, Neuseeland, Europa und Südafrika.

Michigan, USA

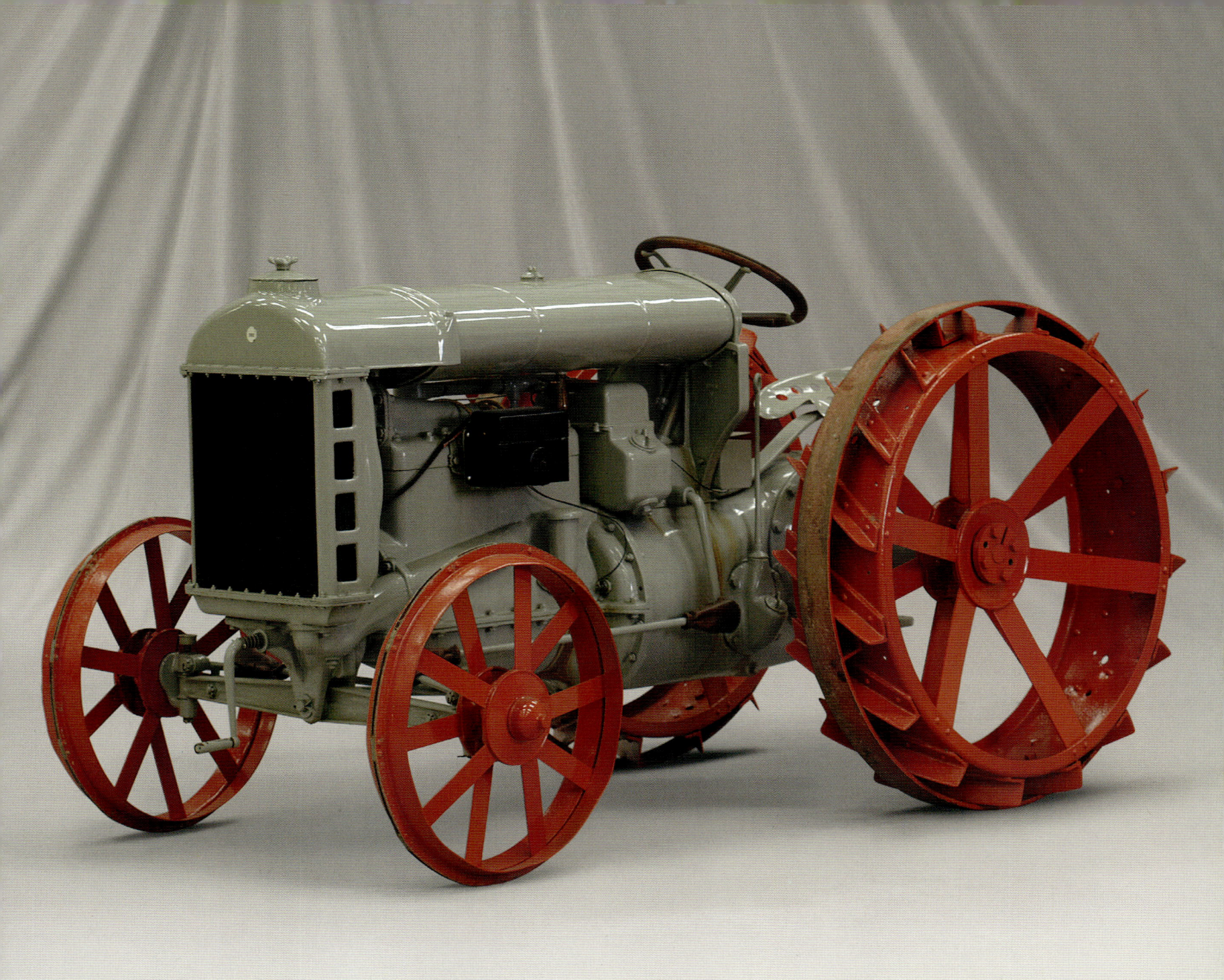

FORDSON N
GROSSBRITANNIEN, 1938

Henry Ford verlegte 1928 die Traktoren-produktion von Michigan ins irische Cork. Dort entstand der Typ N und ersetzte das ehrwürdige Modell F. Im Jahre 1932 wurde allerdings die Produktion ins englische Dagenham verlagert, da dies die Exporte nach Nordamerika rationalisierte. Der Traktor wurde in großen Stückzahlen gebaut und half bei der Nahrungsmittelerzeugung der Alliierten in den frühen 1940er Jahren.

Merkmale

Der Typ N arbeitete im Grunde genommen in der gleichen Klasse wie der vorherige Typ F, auch wenn sein Vierzylindermotor dem Dreiganggetriebe ein paar PS mehr bot. Er war in einigen Kleinigkeiten verfeinert worden und hatte auf Wunsch Luftbereifung. Die auffälligste Änderung betraf das Farbschema: Der Traktor war insgesamt orange, nur einige im Krieg hergestellte Exemplare waren grün.

Nutzung

Der Typ N war weiterhin ein leichter Pflugtraktor. In Kriegszeiten tat er gute Dienste auf Flugplätzen und im Transportwesen. Sammler suchen irische wie englische Exemplare.

Verwandte Typen

Der E27N Major war eine Kriegsversion mit Fähigkeiten, die in der modernen Ford-Baureihe weiterentwickelt wurden.

Leistung und Größe

27 PS; Gewicht: 1633 kg
Länge: 259 cm
Breite: 160 cm
Höhe: 140 cm

Herstellung und Verbreitung

Der Typ N wurde von 1928 bis 1932 im irischen Cork gebaut, anschließend bis 1945 in Dagenham, Essex. Er war in Großbritannien, Nordamerika, Europa, Australien, Neuseeland und Südafrika ein Erfolg.

Essex, England
Cork, Irland

MCCORMICK DEERING 10-20 MIT ZAHNRADGETRIEBE

USA, 1936

Der amerikanische Erfinder Cyrus McCormick ist dafür bekannt, dass er die Mähmaschine perfektionierte. In modernen Zeiten ist sein Name verbunden mit der International Harvester Company, in der sich die bekannten Markennamen McCormick und Deering zusammenschlossen. Der 10-20 MIT ZAHNRADGETRIEBE gab IHC einen modernen Traktor als Konkurrenz zu Ford.

Merkmale

Der erfolgreiche 10-20 hatte einen Vierzylinder-Motor von IHC, der mit Benzin oder Kerosin betrieben wurde, ferner ein Dreiganggetriebe und ein Motorgehäuse mit Luftschlitzen. Normalerweise war er dunkelgrau mit roten Felgen, allerdings gab es auch eine rote Variante mit dem Schriftzug International. Die Bezeichnung International Junior wurde nur bei frühen britischen Importen verwendet.

Nutzung

Vom Dreschen zum Pflügen – der 10-20 war ein Universaltraktor. Er wurde als „Triple Power Tractor" beworben.

Verwandte Typen

Dem 10-20 ging der kraftvollere, aber vordergründig ähnliche 15–30 PS starke Traktor mit Zahnradgetriebe voraus.

Leistung und Größe

10–20 PS; Gewicht: 1678 kg
Länge: 312 cm
Breite: 152 cm
Höhe: 157 cm

Herstellung und Verbreitung

Über 200.000 Stück wurden von 1923 bis 1939 in Chicago, Illinois, gebaut. Kanadische Typen waren häufig gekennzeichnet für die IHC-Werke in Hamilton, Ontario. IHC hatte Niederlassungen in Großbritannien, und der 10-20 wurde auch auf dem europäischen Festland, in Australien, Neuseeland and Südafrika verkauft.

Illinois,
USA

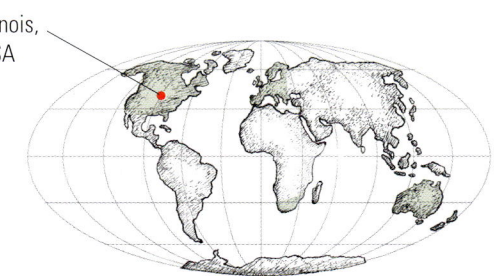

OLIVER 80 STANDARD

USA, 1942

Im Jahre 1930 fusionierten unter dem Namen Oliver Farm Equipment Co. verschiedene Firmen, insbesondere die bekannten Hart Parr Traktorenwerke aus Charles City, Iowa. Trotz der Weltwirtschaftskrise stellte Oliver neue Modelle vor, darunter den TYP 80 STANDARD. Oliver war eine tragende Säule der Traktorenproduktion, bis die Firma in den 1960er Jahren Teil der White Motor Corporation wurde.

Merkmale

Der kraftvolle Typ 80 besaß einen Oliver-/Waukesha-Vierzylindermotor und ein Dreiganggetriebe. Er war mit Stahl- oder Luftbereifung erhältlich, auf Wunsch mit elektrischem Anlasser und Beleuchtung. Oliver legte mehr Wert auf den Nutzen als auf das Aussehen, aber der 80 wirkte in seinem Oliver-Grün mit roten Felgen sehr gefällig.

Nutzung

Dieser Traktor wurde als Drei-Pflug-Traktor eingestuft und erledigte seine Aufgaben problemlos. Eine Riemenscheibe sorgte für leichtes Dreschen, besonders wenn sie mit einer der berühmten Red River Special Dreschmaschinen genutzt wurde.

Verwandte Typen

Eine Variante für Reihenkulturen wurde ebenfalls hergestellt. Nach 1940 bot man für den Standardtyp einen Dieselmotor an. Ein größerer Typ sah ähnlich aus.

Größe und Gewicht

40 PS; Gewicht: 1905 kg
Länge: 310 cm
Breite: 155 cm
Höhe: 142 cm

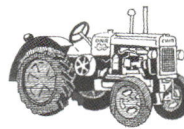

Herstellung und Verbreitung

Etwa 12.000 Exemplare des Typs 80 wurden in Charles City, Iowa, hergestellt. In Kanada wurden sie unter dem Namen Cockshutt Plow Co. verkauft, nach Großbritannien kamen sie im Rahmen des Lend-Lease-Programms zu Beginn des Zweiten Weltkriegs. Einige Traktoren wurden nach Australien, Neuseeland und Südafrika exportiert.

Iowa, USA

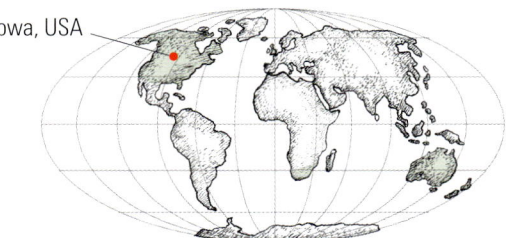

DAVID BROWN VAK 1
GROSSBRITANNIEN, 1941

Die David Brown Company war Hersteller von Zahnrädern gewesen, ehe sie 1936 – mit dem Ferguson-Brown-Typ A – ins Traktorengeschäft einstieg. Als Ferguson die Firma verließ, entwickelte David Brown schnell seine eigene Maschine, den VAK 1 (Vehicle Agriculture Kerosene). Dies war der Beginn einer langen und erfolgreichen Geschichte.

Merkmale

Der VAK 1 führte eine weitere Farbe ins Wörterbuch ein: Hunting Pink. Sein Design bestand unter anderem aus einer Schutzummantelung vor dem Fahrer und einer fast vollständigen Abdeckung des Vierzylindermotors. Ein Vierganggetriebe sorgte für einen breiten Arbeitsbereich, ferner besaß der Traktor ein modernes Hydrauliksystem, Zapfwelle und Riemenscheibe.

Nutzung

Der VAK 1 war ein ausgezeichneter Pflugtraktor. Obwohl eine Variante mit Stahlrädern erhältlich war, konnte er mit Gummibereifung knapp 30 Kilometer pro Stunde erreichen. Der bequeme Polstersitz war breit genug, dass man dort nach einer kurzen Fahrt in die Stadt seine Einkäufe unterbringen konnte.

Verwandte Typen

Der VAK 1A war ein verbessertes Modell, das von der Cropmaster-Reihe abgelöst wurde. Der VIG 1/100 war eine Transportvariante aus Kriegszeiten, der VTK 1 eine Maschine zum Dreschen.

Größe und Gewicht

35 PS; Gewicht: 1474 kg
Länge: 267 cm
Breite: 169 cm
Höhe: 116 cm

Herstellung und Verbreitung

Etwa 5350 Exemplare wurden zwischen 1939 und 1945 von David Brown in den Meltham-Werken in Huddersfield gebaut. Der Großteil blieb in Großbritannien, einige kamen nach Australien und Neuseeland. Mit diesem Modell wurde das moderne Zeitalter im Traktorenbau eingeläutet.

Huddersfield, England

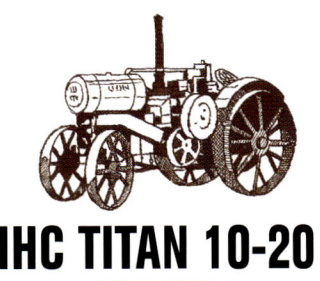

IHC TITAN 10-20

USA, 1919

Die International Harvester Company begann direkt nach der Jahrhundertwende, die Markennamen Mogul und Titan zu nutzen. Einer der letzten seiner Art war der allgegenwärtige Titan 10-20 von 1915. Er läutete das Zeitalter der preiswerteren Geräte ein, in der sich Landwirte ihre eigenen kleinen Traktoren und Dreschmaschinen leisten konnten.

Merkmale

Die wichtigen Teile des Titan waren für jeden sichtbar: ein liegender Zweizylindermotor, der mit Kerosin oder anderen Kraftstoffen von geringer Qualität betrieben werden konnte, und ein Zweiganggetriebe. Er war in einfachem Dunkelgrau mit dunkelroten Felgen gehalten, das IHC-Zeichen befand sich vorne an dem großen Kühlwasserbehälter.

Nutzung

Der Titan war ein Universaltraktor und sein bedächtiger Langhubmotor ermöglichte es, einen Dreischarpflug mit Leichtigkeit zu ziehen. Das leicht primitive Aussehen des Titan macht ihn heutzutage zu einem interessanten und beliebten Schautraktor.

Verwandte Typen

Der Titan wich den moderner aussehenden und mechanisch verbesserten Traktoren 10-20 und 15-30.

Größe und Gewicht

10–20 PS; Gewicht: 2495 kg
Länge: 373 cm
Breite: 152 cm
Höhe: 170 cm

Herstellung und Verbreitung

Etwa 78.000 Stück wurden zwischen 1915 und 1922 in der IHC-Produktionsstätte in Milwaukee, Wisconsin, hergestellt. Der Titan half bei Pflugprogrammen während des Kriegs in Nordamerika, Großbritannien und Frankreich und wurde auch in Australien, Neuseeland und Südafrika verkauft.

Wisconsin,
USA

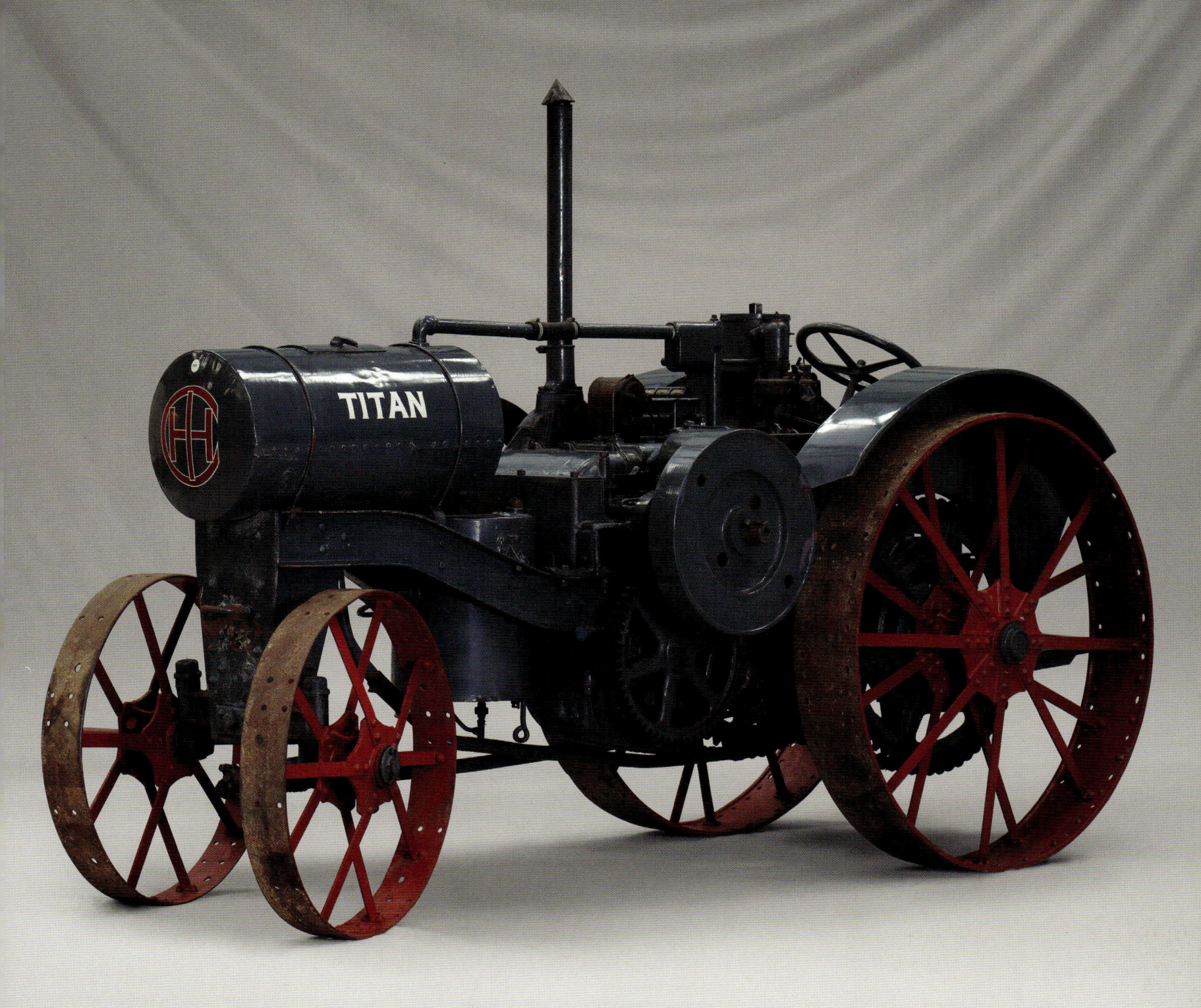

FORD 9N

USA, 1939

Im Jahre 1939 begann Harry Ferguson seine Zusammenarbeit mit Henry Ford, der nach einem modernen Ersatz für seinen Fordson-Traktor suchte. Der neue Typ wurde FORD 9N mit Ferguson-System oder gängiger Ford-Ferguson genannt. Die zwei Männer entzweiten sich nach dem Zweiten Weltkrieg, den Rechtsstreit über Entwürfe und Patente gewann letztlich Ferguson.

Merkmale

Der Ford 9N besaß einen Vierzylindermotor von Ford, ein Dreiganggetriebe und das hydraulische Ferguson-System. Die glänzende Motorhaube und der Kühlergrill akzentuierten Fergusons Lieblingsfarbe Grau auf dem Rest des Traktors. Ein früher Typ war mit Stahlrädern erhältlich und es gab in Kriegszeiten eine zurückgebaute Version mit der Bezeichnung 2N.

Nutzung

Dieser kleine Traktor war aufgrund seines geringen Gewichts und seiner Vielseitigkeit sehr beliebt. Man sieht ihn auch heute noch auf kleineren Höfen und Gütern beim Mähen und anderen leichteren Arbeiten. Überdies wird er auf Traktorschauen und -vorführungen immer beliebter.

Verwandte Typen

Der 9N wurde 1947 durch den verbesserten 8N ersetzt, der bis 1952 produziert wurde. Der Ferguson TE-20 und TO-20, beide mit ähnlicher Leistung, konkurrierten mit dem 9N.

Größe und Gewicht

23 PS; Gewicht: 1043 kg
Länge: 292 cm
Breite: 163 cm
Höhe: 132 cm

Herstellung und Verbreitung

Von 1939 und 1947 wurden etwa 300.000 Stück des 9N/2N-Traktors in Dearborn, Michigan, hergestellt. Sie wurden in Nordamerika von den Ford- und Ferguson-Händlern vertrieben, waren aber auch in Europa, Australien und Neuseeland beliebt.

Michigan, USA

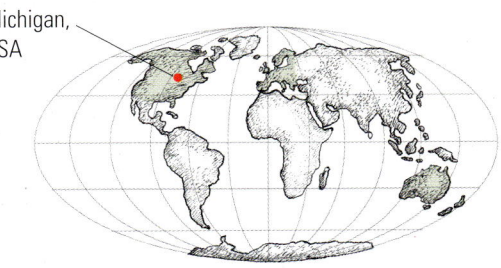

NUFFIELD UNIVERSAL M3

GROSSBRITANNIEN, 1949

Nach dem Zweiten Weltkrieg sah die britische Wirtschaft schwierigen Zeiten entgegen, daher ermutigte die Regierung die einheimischen Traktorenhersteller, die Wirtschaft anzukurbeln und der Agrarindustrie beim Wiederaufbau unter die Arme zu greifen. Der Nuffield-Traktor war nach Lord Nuffield benannt und wurde ab 1948 mit den zwei UNIVERSAL-TYPEN M3 und M4 produziert.

Merkmale

Der M3 war ein Dreiradtraktor mit einem Morris-Wolsley Vierzylindermotor, betrieben mit Destillat. Er besaß fünf Vorwärtsgänge und auf Wunsch Hydraulik, Dreipunktaufhängung, Zapfwelle, Riemenscheibe und Beleuchtung. Das Design war solide und nützlich, aufgepeppt nur von Nuffields standardmäßigem Farbschema in Poppy Orange.

Nutzung

Das einzelne Vorderrad und die verstellbaren Hinterreifen machten den M3 zu einem ausgezeichneten Traktor für Reihenkulturen. Die schlichte Komponentenkonstruktion bedeutete, dass er einfach zu reparieren und wesentliche Teile leicht auszutauschen waren.

Verwandte Typen

Der M4 war die standardmäßige Variante mit Vorderachse. DM3 und PM3 waren Varianten mit Diesel- und Benzinmotor.

Größe und Gewicht

38 PS; Gewicht: 1996 kg
Länge: 312 cm
Breite: 198 cm
Höhe: 208 cm

Herstellung und Verbreitung

Die M-Baureihe wurde zwischen 1948 und 1957 in Birmingham hergestellt. Die ersten Maschinen blieben in Großbritannien, um die dortige Wirtschaft anzukurbeln. Spätere Traktoren wurden nach Kanada, Europa, Australien, Neuseeland, Südafrika und Südamerika exportiert.

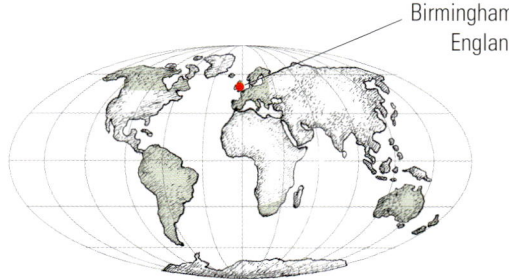

Birmingham, England

TURNER, YEOMAN OF ENGLAND MARK 2
GROSSBRITANNIEN, 1951

Direkt nach dem Zweiten Weltkrieg wurde die Nachfrage nach modernen Ackerschleppern behindert, da die großen Hersteller Zeit benötigten, um zur normalen Produktion zurückzukehren. Neue Unternehmer versuchten, die Lücke zu füllen, darunter auch die britische Turner Manufacturing, die im Krieg Flugzeugbauteile hergestellt hatte. Nach einigen Experimenten brachte Turner unter dem Markennamen Yeoman of England den MARK 2 heraus.

Merkmale

Der neuartige V-4-Dieselmotor verlieh dem Mark 2 ein interessantes Aussehen, da die Zylinder auf beiden Seiten über die Motorhaube hinausragten. Er besaß ein Vierganggetriebe und unabhängige Bremsen. Sein Erscheinungsbild war eher zweckmäßig; Motorhaube und Kotflügel waren hellgrün lackiert, mit roten Stellen an Rädern und Kühlergitter.

Nutzung

Der Mark 2 war eine robuste Maschine, die Drei- bis Vierscharpflüge ziehen konnte. Manche hatten zur größeren Vielfalt Dreipunktaufhängung, Zapfwelle und Riemenscheibe.

Verwandte Typen

Der Mark 3, mit einem verbesserten Motor, wurde von 1951 bis 1955 hergestellt, als Turner die Traktorenproduktion beendete.

Größe und Gewicht

40 PS; Gewicht: 2495 kg
Länge: 312 cm
Breite: 203 cm
Höhe: 149 cm

Herstellung und Verbreitung

Zwischen 1949 und 1951 wurde der Mark 2 in Turners Werken in Wolverhampton hergestellt, und zwar in etwa 2500 Exemplaren. Einige wurden nach Skandinavien, Südafrika, Australien und Neuseeland exportiert, aber mechanische Schwierigkeiten und Konkurrenz durch Traktoren aus Massenproduktionen beeinträchtigten die Verkaufszahlen.

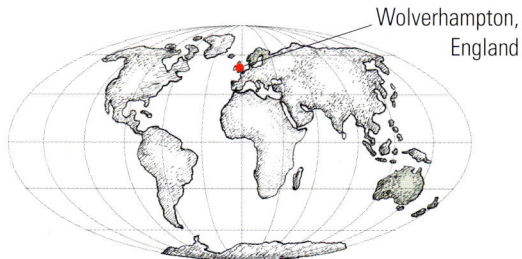

Wolverhampton, England

MINNEAPOLIS-MOLINE GT

USA, 1941

Drei große amerikanische Traktorenhersteller, Minneapolis Steel & Machinery, Minneapolis Threshing Machine und Moline Plow, fusionierten 1929 zur Firma Minneapolis-Moline (M-M), die für ihre hochwertigen modernen Designs bekannt ist; das Nonplusultra war dabei ein Traktor mit geschlossener Kabine, Radio und Heizung. Der GT hatte diesen Komfort nicht, aber M-M bewarb ihn als „The Mighty Master of All Jobs".

Merkmale

Der GT war im Vorkriegskatalog der größte Typ und besaß einen leistungsstarken Vierzylindermotor und ein Vierganggetriebe. Das charakteristische Flachsgelb nannte sich „Prairie Gold", die Felgen waren dunkelrot lackiert. Der GT war mit seinen klaren Linien und der attraktiven Formgebung ein Exemplar der Reihe, die M-M als „Visionlined" beschrieb.

Nutzung

Ein Typ wie der GT in Normalspurausführung wurde als Vier- bis Fünf-Pflug- oder „Weizenland"-Traktor bezeichnet. Aufgrund seiner Leistung war er auch für Drescharbeiten ausgezeichnet geeignet.

Verwandte Typen

Der GT wurde durch den GTA ersetzt. Später verfügten die Typen GB und GVI über Sechszylinder-Dieselmotoren und bereiteten der Nutzung von Flüssiggas (LPG) den Weg.

Größe und Gewicht

55 PS; Gewicht: 3084 kg
Länge: 345 cm
Breite: 183 cm
Höhe: 193 cm

Herstellung und Verbreitung

Etwa 1200 dieses Typs wurden zwischen 1938 und 1941 in Minneapolis, Minnesota, gebaut, die meisten wurden auch in Nordamerika verkauft. Bevor die USA in den Zweiten Weltkrieg eingriffen, wurden einige Exemplare im Rahmen des Lend-Lease-Programms nach Großbritannien verschifft.

Minnesota, USA

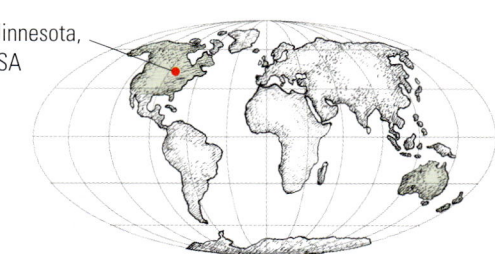

MASSEY-HARRIS, GENERAL PURPOSE (4WD)

USA, ca. 1932

Im Jahre 1918 baute das kanadische Unternehmen Massey-Harris (M-H) seine ersten Traktoren in Toronto. 1928 kaufte es die J.I. Case Plow Works in Racine, Wisconsin, einen Hersteller von Wallis-Traktoren, und verlegte seine Produktion in die ehemaligen Wallis-Werke. Der 4WD (four-wheel-drive = Vierradantrieb) GENERAL PURPOSE war der erste Universaltraktor, der von seinen eigenen Designern entwickelt wurde.

Merkmale

Als einer der ersten erfolgreichen Traktoren mit Allradantrieb war der General Purpose (GP) mit einem Hercules Vierzylindermotor und einem Dreiganggetriebe ausgestattet. Das Design ist wenig bemerkenswert. Die Exemplare, die in Großbritannien verkauft wurden, waren dunkelgrün mit roten Felgen, die für den nordamerikanischen Markt grau mit roten Felgen.

Nutzung

Der GP wurde als Pflegetraktor mit verstellbarer Spurweite, 76 cm Bodenfreiheit und 1,8 m Wenderadius angeboten. Einige Bedienelemente waren erweitert, sodass der Fahrer steuern konnte, während er auf einem Wagen saß – genau wie bei einem Pferdegespann.

Verwandte Typen

Ein verbesserter GP mit einem Motor mit oben liegenden Ventilen und auf Wunsch mit Luftbereifung wurde 1936 gebaut – als allerletzter Versuch, die Verkäufe anzukurbeln.

Größe und Gewicht

15–22 PS; Gewicht: 1796 kg
Länge: 310 cm
Breite: 122–193 cm (verstellbar)
Höhe: 140 cm

Herstellung und Verbreitung

Etwa 3000 Exemplare wurden zwischen 1930 und 1936 in Racine, Wisconsin, gebaut und nach Großbritannien, Frankreich, Kanada und in die USA verkauft. Er war vor allem bei Gartenbaubetrieben in Kanada beliebt. Der GP war Vorbote für die leichten Allradtraktoren, die heutzutage ganz alltäglich sind.

Wisconsin, USA

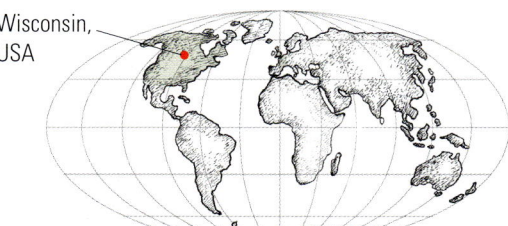

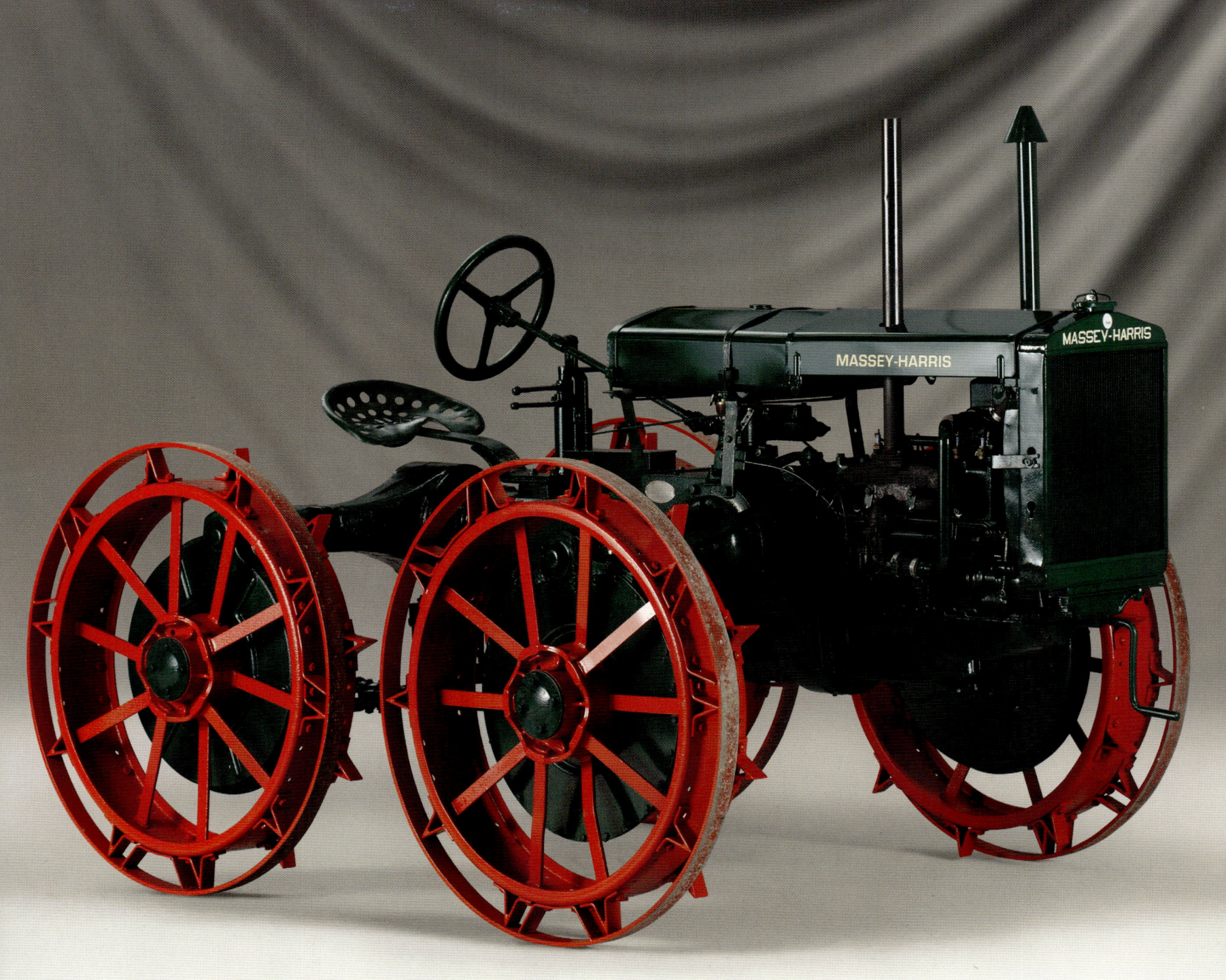

FIELD MARSHALL SERIE 3A

GROSSBRITANNIEN, 1953

Marshall, Sons & Co. war erneut einer der großen alten Hersteller von Dampfmaschinen, die sich auf dem Markt der Traktoren mit Verbrennungsmotor etablieren wollten. Allerdings wurden sie bald von Thomas W. Ward Ltd. übernommen und später mit Fowler zur Fowler-Marshall Ltd. fusioniert. Die Nachkriegstraktoren wie die Serie 3A wurden unter dem Namen Field Marshall vermarktet.

Merkmale

Die Serie 3A war die letzte, die einen Zweitakt-Einzylinder-Dieselmotor besaß, ferner sechs Vorwärtsgänge in zwei Gruppen, einen elektrischen Anlasser und eine Hydraulik-aufhängung. Der Traktor aus der Serie 3A war in Fowlers Chrom-Orange lackiert.

Nutzung

Der Einzylindermotor war kein Versager, wenn es um Leistung ging, und der 3A wurde als moderner Pflugtraktor mit großer Ausdauer angepriesen. Sein charakteristischer Klang unterschied ihn von anderen Traktoren und erregt auch heute noch die Aufmerksamkeit der Zuschauer bei Vorführungen.

Verwandte Typen

Der Lanz Bulldog D 4016 erbrachte vergleichbare Leistungen wie die Serie 3A. Von Crawler umgerüstete Field Marshalls wurden in den Werken von Fowler in Leeds gebaut. Marshalls wechselten in der letzten Traktorenserie in den späten 1950er Jahren von einem Zylinder auf sechs.

Größe und Gewicht

40 PS; Gewicht: 2722 kg
Länge: 305 cm
Breite: 193 cm
Höhe: 155 cm

Herstellung und Verbreitung

Über 2100 Stück wurden von 1952 bis 1957 in Marshalls Britannia-Werken in Gainsborough gebaut. Die Serie 3A wurde auch in Kanada, Südamerika, Afrika, Australien und Neuseeland verkauft.

Gainsborough, England

INTERNATIONAL HARVESTER 8-16 JUNIOR

USA, ca. 1919

Der leichtgewichtige 8-16 mit seinem Vierzylindermotor war bei IHC ein abrupter Bruch nach den schweren Ein- und Zweizylinder-Prärietraktoren. In Nordamerika wurde er einfach als 8-16 oder Kerosintraktor bezeichnet, in Großbritannien als Junior.

Merkmale

Der Motor mit oben liegenden Ventilen und das Dreiganggetriebe wurden aus der Lastwagenherstellung von IHC übernommen. Mit seiner tiefliegenden Ausstattung und viel Blech sah er ein wenig rückwärts gerichtet aus, da der Kühler zwischen Fahrer und Motor platziert war. Die Farbgebung in Grau und Rot blieb für einige Jahre Firmenstandard.

Nutzung

Trotz seiner geringen Größe war der 8-16 ein leistungsfähiger, leichter Pflugtraktor. Er war einer der ersten Traktoren, die in großen Stückzahlen produziert wurden und eine Zapfwelle besaßen, was bedeutete, dass er vielfältig einsetzbar war. Dieser kleine Traktor ist heutzutage eine interessante Ergänzung auf jedem Oldtimer-Treffen.

Verwandte Typen

IHC entwickelte das Design des 8-16 nicht weiter und produzierte stattdessen die Typen 10-20 und 15-30 mit Zahnradgetriebe.

Größe und Gewicht

8-16 PS; Gewicht: 1497 kg
Länge: 335 cm
Breite: 137 cm
Höhe: 168 cm

Herstellung und Verbreitung

Angeblich wurden zwischen 1918 und 1922 über 33.000 Traktoren dieses Typs in Chicago, Illinois, gebaut. Er untermauerte die Nachfrage nach leichten Traktoren in den USA und Kanada. Etwa 2500 Stück fanden ihren Weg nach Großbritannien, viele rechtzeitig, um noch während des Kriegs zur Nahrungsmittelerzeugung beizutragen.

Illinois, USA

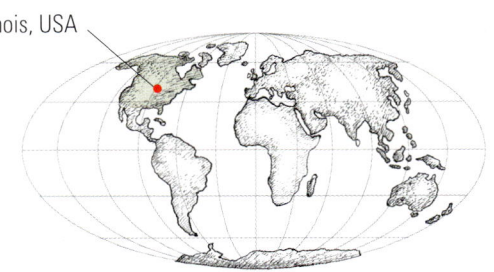

HOLT 75

USA, 1918

Benjamin Holt aus Stockton in Kalifornien war ebenfalls einer der großen Traktoren-pioniere. Seine mit Dampf und Benzin angetriebenen Kettenfahrzeuge erhielten 1911 den geschützten Namen Caterpillar (Raupe). Im Jahre 1910 eröffnete Holt eine zweite Fabrik in Peoria, Illinois, und begann mit der Herstellung des erfolgreichen Typs 75. 1925 fusionierte Holt mit seinem kalifornischen Rivalen C.L. Best Co. zur Caterpillar Tractor Co.

Merkmale

Der wuchtige Holt 75 verfügte über einen Vierzylinder-Benzin-motor und zwei Vorwärtsgänge. Man bediente ihn mithilfe von Griffen, die in Kombination mit dem Lenkrad die entsprechende Kette steuerten. Die hier abgebildete Variante ist in militärischem Graugrün lackiert, Standardfarbe von Holt war allerdings Grau.

Nutzung

Der Holt 75 wurde für Straßenarbeiten und den Ackerbau in den Prärien entwickelt. Im Ersten Weltkrieg wurde er zum Transport der Artillerie und zur Versorgung der Truppen genutzt. Aufgrund seiner Schwerfälligkeit ist er für Einsteiger nicht zu empfehlen.

Verwandte Typen

Der Best 75 von der C.L. Best Co. war einer der Konkurrenten dieses Typs. Der Holt 120 war eine stattlichere Variante im gleichen Stil.

Größe und Gewicht

75 PS; Gewicht: 10,705 kg
Länge: 610 cm
Breite: 264 cm
Höhe: 305 cm

Herstellung und Verbreitung

Der Holt 75 wurde von 1913 bis 1921 im kalifornischen Stockton und bis 1924 in Peoria, Illinois, gebaut und war in ganz Nordamerika erfolgreich. Ruston, Proctor & Co. im englischen Lincolnshire stellten sie 1916 und 1917 in Lizenz für das britische Munitionsministerium her.

Illinois, USA

Kalifornien, USA

Lincolnshire, England

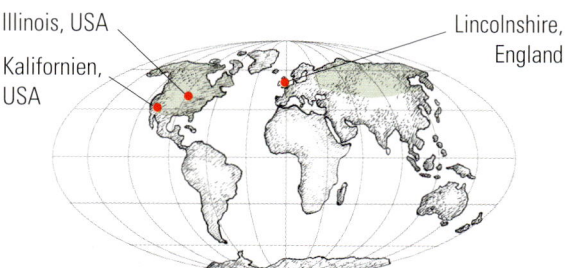

MASSEY-FERGUSON 35X

GROSSBRITANNIEN, 1963

Massey-Harris erwarb 1953 Harry Fergusons Traktorenfirma. Das Unternehmen war bis 1957 als Massey-Harris-Ferguson bekannt, dann wurde es in Massey-Ferguson (M-F) umbenannt. Der beliebte Typ 35 kam unter Ferguson auf den Markt und blieb es auch unter M-F. Er erlebte verschiedene Änderungen, die im Typ 35X mündeten.

Merkmale

Der 35X besaß einen Dreizylinder-Dieselmotor von Perkins und war auch als De-luxe-Variante mit sechs Geschwindigkeiten in zwei Gruppen oder als Multi Power mit Masseys neuartiger Hydraulik und zwölf Geschwindigkeiten erhältlich. Der 35X gehört zu den letzten Typen mit abgerundeter Ferguson-Front. Antriebsstrang und Felgen behielten das traditionelle Ferguson-Grau, die Blechteile wurden rot lackiert.

Nutzung

Der 35X war ein wahrhaft moderner Traktor mit Dieselmotor und Ferguson-Hydraulik. Das Nachkriegsdesign macht den 35X zu einem begehrten Sammlerstück und er wird gerne als neuzeitlicher Klassiker auf Treffen gezeigt.

Verwandte Typen

Der neue M-F 135 setzte die Tradition des 35 fort und führte zum 245. Der 65 war ein leistungsstärkerer Traktor in ähnlichem Stil.

Größe und Gewicht

44,5 PS; Gewicht: 1451 kg
Länge: 297 cm
Breite: 163 cm
Höhe: 137 cm

Herstellung und Verbreitung

Der 35X wurde bis 1964 in Coventry gebaut. Er war überaus beliebt in Südafrika und auch in Kanada, Australien, Neuseeland sowie auf dem europäischen Festland zu finden. Der 35X war der letzte der vielen Varianten der äußerst erfolgreichen 35er Baureihe.

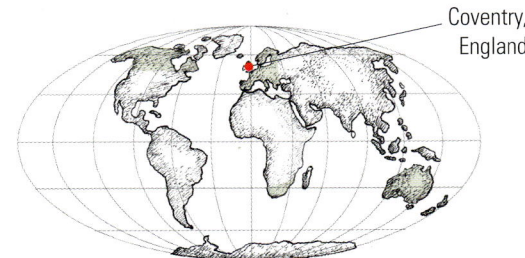

Coventry, England

FORDSON E1A-DKN

GROSSBRITANNIEN, 1952

Fordson hatte den E1A früher bauen wollen, um die F- und die N-Serie zu ersetzen, diese Pläne wurden aber durch den Krieg vereitelt. Als er schließlich auf den Markt kam, wurden der neue E1A und seine DKN-VARIANTE als New Major bezeichnet. Seine Hauptverkaufsargumente waren ein moderner Dieselmotor und eine verbesserte Hydraulik. Der Name Fordson war für die in Großbritannien gebauten Traktoren bis in die frühen 1960er Jahre gebräuchlich.

Merkmale

Statt mit dem normalen Dieselmotor war der E1A-DKN mit Fords neuem Vierzylindermotor mit oben liegenden Ventilen ausgestattet. Er besaß ein Zweigruppengetriebe mit sechs Vorwärtsgängen. Ein stromlinienförmigeres Aussehen hob ihn vom E27N Major ab und in Kürze wurde das helle Blau die Unternehmensfarbe. Die orangefarbenen Felgen wurden bald durch weiße ersetzt.

Nutzung

Der E1A-DKN war eine stattliche Maschine, die quasi jede nur vorstellbare Arbeit erledigen konnte. Heutzutage ist dieser Typ eine Rarität und eher für Fordson-Liebhaber interessant.

Verwandte Typen

Spätere Varianten waren der verbesserte Super Major, der Power Major und der Dexta. Das Fahrgestell des E1A bildete häufig die Grundlage für sekundäre Allradumbauten.

Größe und Gewicht

35 PS; Gewicht: 2404 kg
Länge: 333 cm
Breite: 165 cm
Höhe: 160 cm

Herstellung und Verbreitung

Rund 200.000 Exemplare der E1A-Serie wurden zwischen 1951 und 1958 in Dagenham (Essex) gebaut. Große Stückzahlen wurden nach Nord- und Südamerika, Australien, Neuseeland, Europa und Südafrika exportiert.

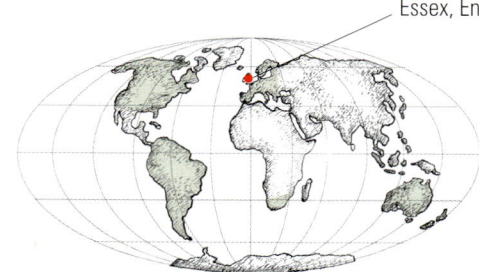

Essex, England

ADVANCE RUMELY, OIL PULL 20-35 M

USA, 1925

Der 20-35 M von Advance-Rumely war eins der leichtgewichtigen Modelle der Firma, die als Verkleinerung aus den frühen Prärietraktoren entstanden waren. Rumely perfektionierte das Verbrennen von minderwertigeren Treibstoffen wie Kerosin oder Destillat. Der Name Oil Pull wurde als griffiger Markenname konzipiert und war schnell weltweit bekannt.

Merkmale

Der liegende Zweizylindermotor des 20-35 M nutzte Leichtöl zur Kühlung, wodurch höhere Motortemperaturen und ein saubereres Verbrennen des Kerosins ermöglicht wurden. Der 20-35 M arbeitete mit einem Dreiganggetriebe. Sein Design ist bestenfalls als zweckmäßig zu bezeichnen, aber er war geschmackvoll in Brewster-Grün mit roten Streifen auf den Speichen lackiert.

Nutzung

Der 20-35 M wurde als mittelgroßer Dreschtraktor vermarktet, aber man konnte ihn auch gut auf dem Acker einsetzen. Mit seinem einzigartigen Aussehen und Klang ist er heutzutage ein sehr begehrtes Sammlerstück.

Verwandte Typen

Die Typen 15-25 L, 25-45 R und 30-60 S waren Begleiter in der Serie der leichgewichtigen Traktoren. Sie wurden 1928 durch die Super-Powered-Typen ersetzt.

Größe und Gewicht

20–35 PS; Gewicht: 3946 kg
Länge: 381 cm
Breite: 183 cm
Höhe: 254 cm

Herstellung und Verbreitung

Über 3600 Stück wurden zwischen 1924 und 1927 von der Advance-Rumely Thresher Co. in La Porte, Indiana, gebaut. Rumely hatte ein gut entwickeltes Händlernetz, verteilt über die USA und Kanada sowie in Südamerika.

Indiana, USA

NUFFIELD 3/42

GROSSBRITANNIEN, 1961

Nuffield-Traktoren – von der British Motor Corporation (BMC) produziert – wurden nach dem Zweiten Weltkrieg erfolgreich unter dem Namen Universal vermarktet. Der Typ 3/42 wurde 1961, mit einem modernen Dieselmotor und einem angepassten Hydrauliksystem, eingeführt. 1968 übernahm British Leyland die BMC und der Name Nuffield verschwand.

Merkmale

Das Kürzel 3/42 stand für den Dreizylinder-Dieselmotor mit einer Leistung von 42 PS. Er besaß ein Fünfganggetriebe, moderne Hydraulik und Tiefenkontrolle. Der 3/42 hielt an Nuffields abgerundeter Motorhaube im Stil der 1950er Jahre fest und war im klassischen Poppy Orange lackiert, das bald durch Leyland-Blau ersetzt wurde.

Nutzung

Der vielseitige 3/42 war in jeglicher Hinsicht ein moderner Traktor. Auf einer großen Farm war er ein guter Zweittraktor, auf kleineren Höfen konnte er sämtliche Arbeiten übernehmen. Das preiswerte Verdeck diente als Wetterschutz. Auf heutigen Schauen gilt ein Nuffield immer als echter Klassiker.

Verwandte Typen

Der 4/60 war ein größerer Vierzylindergefährte des 3/42. Sie wurden vom 10/42 bzw. 10/60 ersetzt.

Größe und Gewicht

42 PS; Gewicht: 2404 kg
Länge: 305 cm
Breite: 183 cm
Höhe: 193 cm

Herstellung und Verbreitung

Die Herstellung begann in den BMC-Werken in Birmingham, wurde aber 1961 in die Nähe von Edinburgh verlegt. Die Serie wurde zwischen 1961 und 1964 gebaut und in Europa, Kanada, Australien, Neuseeland, Südafrika und Südamerika verkauft.

Birmingham, England

Edinburgh, Schottland

FOWLER CHALLENGER III

GROSSBRITANNIEN, 1951

Die John Fowler Co. war weltweit Vorreiter bei Dampfpflügen und Dreschgeräten und verlegte sich auf Traktoren mit Verbrennungsmotoren, als die Dampfmaschinenzeit endete. Die Firma entwickelte im Zweiten Weltkrieg eine Serie moderner Raupenschlepper mit Dieselmotor, wurde aber 1947 von der Thomas W. Ward Ltd. übernommen, unter deren Leitung der CHALLENGER III eingeführt wurde.

Merkmale

Die Challenger-Serie kam 1950 auf den Markt. Der Challenger III war mit sechs Vorwärtsgängen ein eher schwergewichtiger Typ, auf Wunsch mit einem Leyland oder einem Meadows Sechszylinder-Dieselmotor erhältlich; beide waren in Großbritannien hergestellt und von vergleichbarer Leistung. Die Baureihe war zweckmäßig im Design und gänzlich in Fowlers Chrom-Orange lackiert.

Nutzung

Das Kettenfahrzeug wurde vielfach im militärischen Bereich eingesetzt, aber auch zu schweren Feldarbeiten. Für Bau- und Straßenarbeiten war eine Reihe von Anbaugeräten erhältlich.

Verwandte Typen

Der Challenger III wurde begleitet von den Typen Challenger I, II und IV mit jeweils 50, 80 und 150 PS und abgelöst von dem schwereren und leistungsstärkeren Mark 33.

Größe und Gewicht

95 PS; Gewicht: 11.113 kg
Länge: 401 cm
Breite: 234 cm
Höhe: 198 cm

Herstellung und Verbreitung

In der Zeit der Thomas W. Ward Ltd., von 1950 bis 1956, wurde der Challenger III in den Fowler-Werken in Leeds gebaut und in Europa, Australien, Neuseeland, Asien und Südafrika verkauft.

Leeds, England

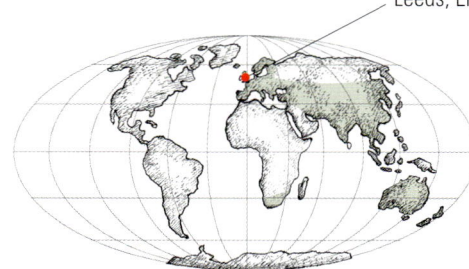

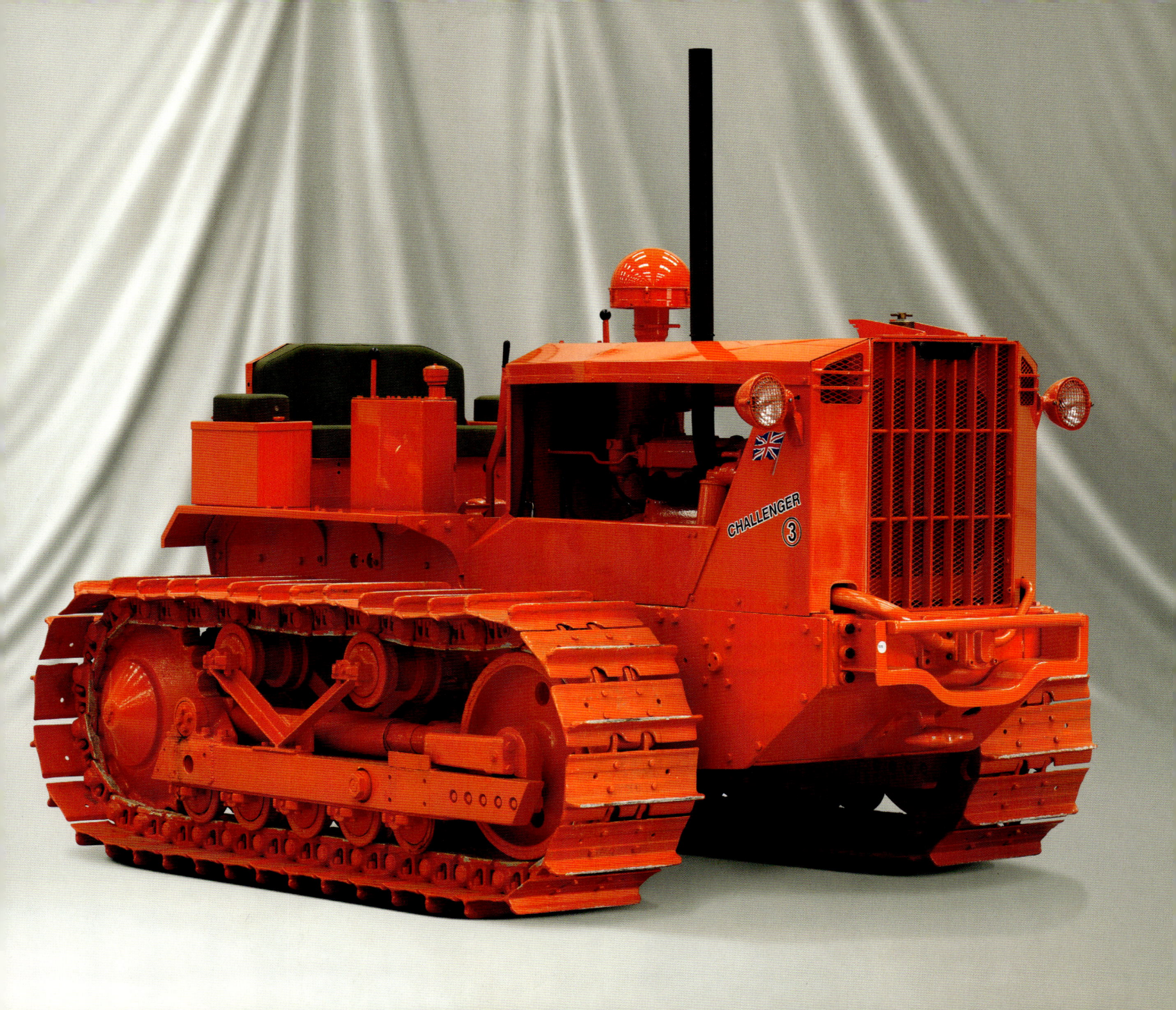

HART PARR 18-36 G

USA, 1927

Vermutlich war Hart Parr die erste Firma, die den Begriff „Traktor" verwendete. In jenen Tagen war sie vor allem für ihre schweren Prärietraktoren bekannt, aber der neue Hart Parr von 1918 war der Erste in einer langen Reihe von Universalmaschinen. Unter ihnen war der 18-36 G, ein mittelgroßes Modell, das Hart Parr bis 1929 baute, als sie Teil der Firma Oliver wurde.

Merkmale

Der 18-36 G wurde von einem liegenden Zweizylindermotor mit entsprechendem Zweiganggetriebe angetrieben. Er war sehr traditionell konstruiert, dennoch eine Maschine mit ansprechendem Design. Das Farbschema von Hart Parr – Dunkelgrün mit roten Felgen – wurde bis in die Oliver-Jahre durchgehalten.

Nutzung

Obwohl er für Feldarbeiten perfekt geeignet war, war die eigentliche Bestimmung des 18-36, als Dreschtraktor mit Maschinen wie dem Rumely Oil Pull zu konkurrieren. Man musste sich erst an den Traktor gewöhnen, da sich die Antriebsscheibe auf der anderen Seite als bei den meisten Maschinen befand und teilweise von Blech verdeckt wurde.

Verwandte Typen

Der 18-36 G wurde durch den 18-36 H ersetzt, der drei statt zwei Vorwärtsgänge hatte. Der Hart Parr 12-24 und 28-50 boten eine andere Leistung, stimmten aber im Design mit dem 18-36 G überein.

Größe und Gewicht

18–36 PS; Gewicht: 2812 kg
Länge: 335 cm
Breite: 185 cm
Höhe: 155 cm

Herstellung und Verbreitung

Der Typ 18-36 G wurde von 1926 bis 1930 in Charles City, Iowa, gebaut, nach der Übernahme durch Oliver nicht mehr. Er war sehr beliebt in den USA und in Kanada und wurde auch in Europa, Australien und Neuseeland verkauft.

Iowa, USA

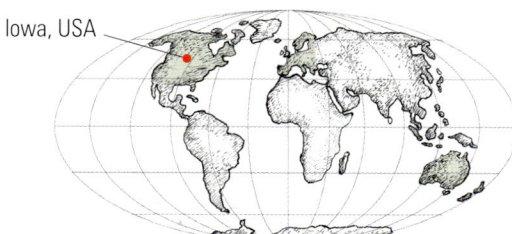

WATERLOO BOY N

USA, 1920

Die Waterloo Gasoline Engine Co. aus Waterloo, Iowa, wurde 1918 von John Deere übernommen. Ihre Traktoren-Ahnentafel reichte zurück bis zu John Froehlichs Experimenten von 1892, allerdings erschien die Waterloo-Boy-Serie erst 1912 auf dem Markt. Der Typ N war das erste Modell, das in den berühmten Nebraska-Tests geprüft wurde und bildet die Grundlage der erfolgreichen Baureihen von John Deere.

Merkmale

Der Typ N hatte einen liegenden Zweizylindermotor und zwei Vorwärtsgänge. Die altmodische Konstruktion beinhaltete eine kettenähnliche Lenkung, die später durch eine Achsschenkel-Lenkung ersetzt wurde. Die Standardfarbe war Grün mit gelben Felgen, manchmal war der Motor dunkelrot.

Nutzung

Der Typ N war eine gute Universalmaschine und tat ausgezeichnete Dienste in Großbritannien und Nordamerika, indem er während des Ersten Weltkriegs Ländereien pflügte. Die Riemenscheibe war gut positioniert, sodass Dreschmaschinen problemlos angebaut werden konnten.

Verwandte Typen

Dem Typ N voraus ging der Typ R mit nur einem Vorwärtsgang. Der von John Deere entworfene Typ D setzte die Zweizylinder-Tradition der Waterloo-Boy-Traktoren fort.

Größe und Gewicht

12–25 PS; Gewicht: 2767 kg
Länge: 335 cm
Breite: 183 cm
Höhe: 160 cm

Herstellung und Verbreitung

Von 1917 bis 1924 wurden in Waterloo, Iowa, über 21.000 Stück gebaut und in ganz Nordamerika verkauft. In Großbritannien wurde er von der Overtime Tractor Co. unter ihrem Markennamen vertrieben. Der Typ N war auch im übrigen Europa, in Südafrika, Australien und Neuseeland erhältlich.

Iowa, USA

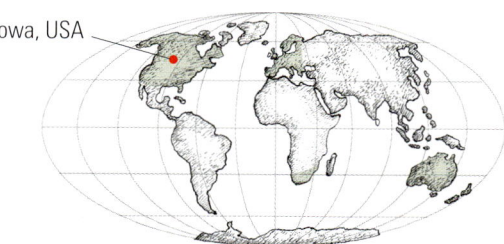

LANZ BULLDOG D 7506

DEUTSCHLAND, ca. 1935

Der Typ D 7506 wurde von einem der erfolgreichsten Traktorenhersteller Europas, der Heinrich Lanz AG, produziert. Lanz führte den Markennamen Bulldog ein, um die Robustheit seiner Maschinen zu hervorzuheben. Das Lanz-Design blieb von der Einführung im Jahre 1921 bis zur Übernahme durch John Deere 1956 bestehen.

Merkmale

Der Einzylindermotor hatte eine Glühkopfzündung, was bedeutete, dass der Verbrennungsraum mit einer Lötlampe vorgeheizt werden musste, bevor man den Motor anlassen konnte. Anschließend verbrannte er jeden Kraftstoff bis hin zu Roh- oder Motoröl. Das Getriebe bot sechs Vorwärtsgänge in zwei Gruppen. Das Lanz-Farbschema bestand – bis sich das Grün von John Deere durchsetzte – in einem Grau mit roten Felgen.

Nutzung

Der D 7506 war ausgesprochen vielseitig: stark als Zugtraktor, jederzeit bereit zum Dreschen und leistungsfähig beim Transport. Robuste Schlichtheit war das Markenzeichen von Lanz und der Traktor tat unzählige Stunden problemlos seinen Dienst. Der dröhnende Klang des Einzylindermotors erfreut die Menschenmengen bei den Oldtimer-Treffen immer wieder.

Verwandte Typen

Bei Lanz wurden vergleichbare Größen bis zu 55 PS gebaut, ferner verbesserte Typen in der Nachkriegszeit. Die britischen Field-Marshall-Traktoren folgten dem Design von Lanz.

Größe und Gewicht

25 PS; Gewicht: 2313 kg
Länge: 279 cm
Breite: 160 cm
Höhe: 178 cm

Herstellung und Verbreitung

Der Bulldog D 7506 wurde zwischen 1935 und 1952 in Mannheim gebaut. Lanz-Traktoren wurden nach Europa, Kanada, Australien und Neuseeland verkauft und vor Ort in Argentinien, Frankreich, Spanien und Polen hergestellt.

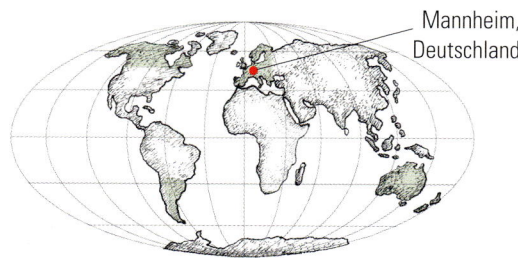

Mannheim, Deutschland

SAUNDERSON G UNIVERSAL

GROSSBRITANNIEN, 1916

Traktorenpionier Herbert Saunderson baute unter dem Namen Universal Kleintraktoren, als fast alle anderen Giganten auf den Markt brachten. Die Typen bewegten sich vom Little Knock-About mit 6-8 PS bis zum Colonial mit 45 PS. Um 1915 produzierte er drei neue Universal-Typen, darunter den beliebten mittelgroßen Typ G.

Merkmale

Auf den frühen Saunderson-Traktoren befand sich der Fahrer in der Mitte oder vorne, im Gegensatz dazu war beim Typ G der Sitz konventionell platziert. Er besaß einen stehenden Zweizylindermotor, drei Vorwärtsgänge und schwere Metallräder. Der abgebildete Traktor hat die standardmäßige Farbgebung: Grün mit roten Rädern.

Nutzung

Der Typ G wurde gerade noch rechtzeitig für den Einsatz im Ersten Weltkrieg fertig. Klare Fluchtlinien ermöglichten es, Dreschmaschinen problemlos anzubauen. Eine Reihe von Universal-Traktoren haben überlebt und sind für alle Zuschauer bei Oldtimer-Treffen eine helle Freude.

Verwandte Typen

Die Saunderson-Typen J und B ergänzten die Serie von 1915. Die Light- und Super-Light-Weight-Typen beendeten Saundersons Nachkriegsproduktion.

Größe und Gewicht

23–25 PS; Gewicht: 1860 kg
Länge: 366 cm
Breite: 168 cm
Höhe: 213 cm

Herstellung und Verbreitung

Gebaut wurden die Traktoren in den Saunderson-Werken in Elstow, Bedfordshire, exportiert wurden sie nach Australien, Neuseeland und Afrika. Saunderson unterhielt auch die British Canadian Agricultural Tractors Ltd. in Saskatoon, Kanada.

Bedfordshire, England

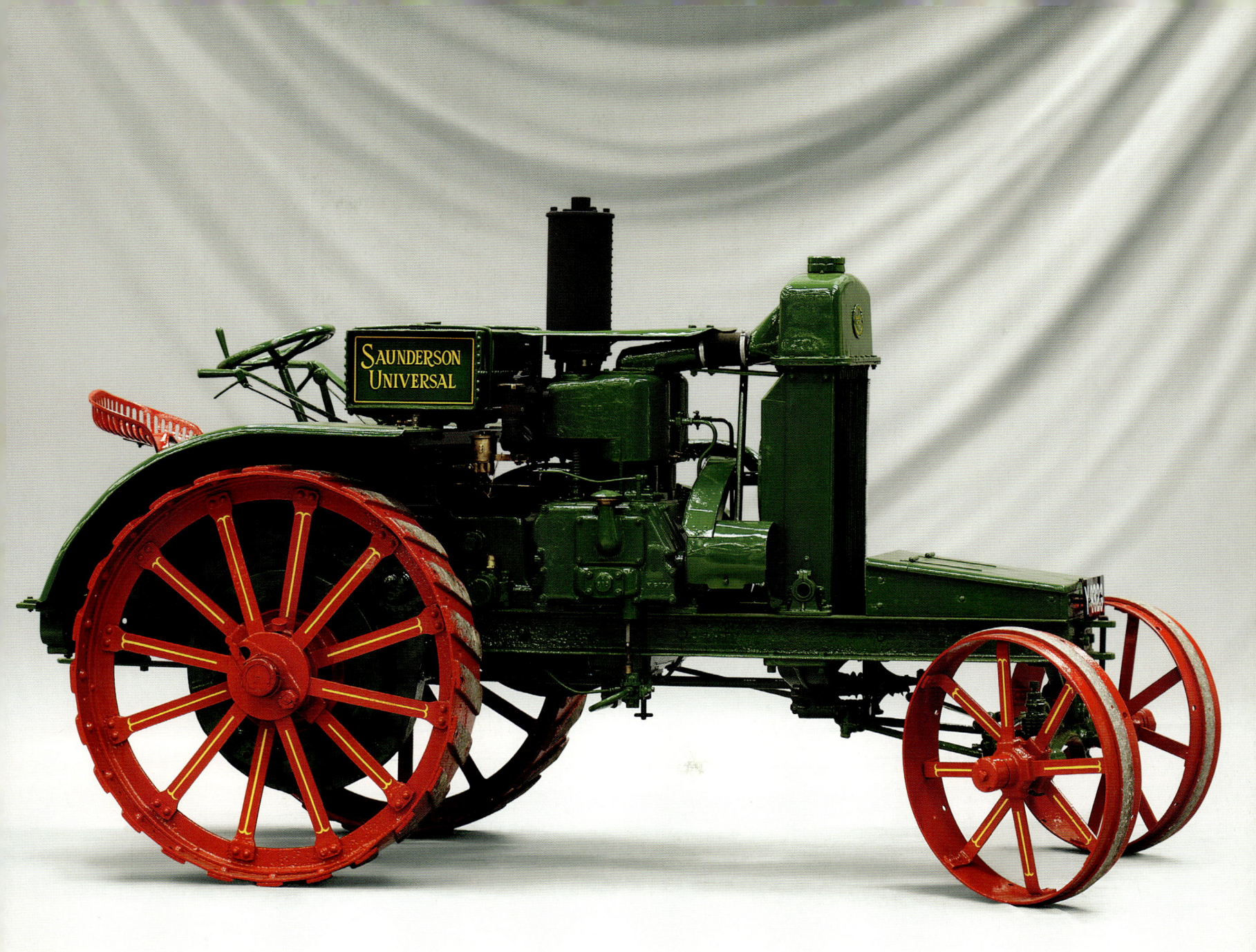

WEEKS-DUNGEY NEW SIMPLEX

GROSSBRITANNIEN, ca.1922

Die Geschichtsbücher nennen seinen Vornamen nicht, aber ein Mr Dungey aus der englischen Grafschaft Kent benötigte einen Traktor. Er überredete seinen örtlichen Motorenhersteller William Weeks & Son, ihm einen zu bauen. Dieser wurde Simplex benannt, 1915 gebaut, und obwohl er eher elementar aussah, funktionierte er so gut, dass Weeks weitermachte. Der substanziellere NEW SIMPLEX erschien 1919 auf dem Markt.

Merkmale

Weeks hatte einige in Amerika hergestellten Waukesha-Vier-zylindermotoren und Dreiganggetriebe erworben. Der New Simplex hatte robuste Räder, einen schweren Rahmen und einen Hauch von Formgebung in der grauen Grundfarbe mit den roten Rädern. Für Straßentransporte gab es auf Wunsch eine Variante mit Gummibereifung.

Nutzung

Mr Dungey brauchte für seinen großen Obstgarten und Hopfenanbaubetrieb einen Traktor, der die zarten Früchte nicht beschädigte. Das veranlasste Weeks dazu, dem New Simplex eine kompakte Form zu geben.

Verwandte Typen

Obwohl die meisten großen Traktorenhersteller letzten Endes Pflegetraktoren anboten, markierte dieses Modell das Ende der Weeks'schen Traktorenproduktion.

Größe und Gewicht

30 PS; Gewicht: 1497 kg
Länge: 249 cm
Breite: 122 cm
Höhe: 137 cm

Herstellung und Verbreitung

Der Traktor wurde zwischen 1919 und ca. 1925 in den Perseverance Iron Works in Maidstone, Kent, gebaut, vermutlich in einer Stückzahl von etwa 220 Exemplaren. Er scheint hauptsächlich in der näheren Umgebung verkauft worden zu sein.

Kent, England

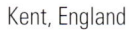

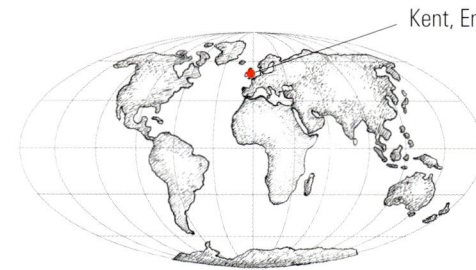

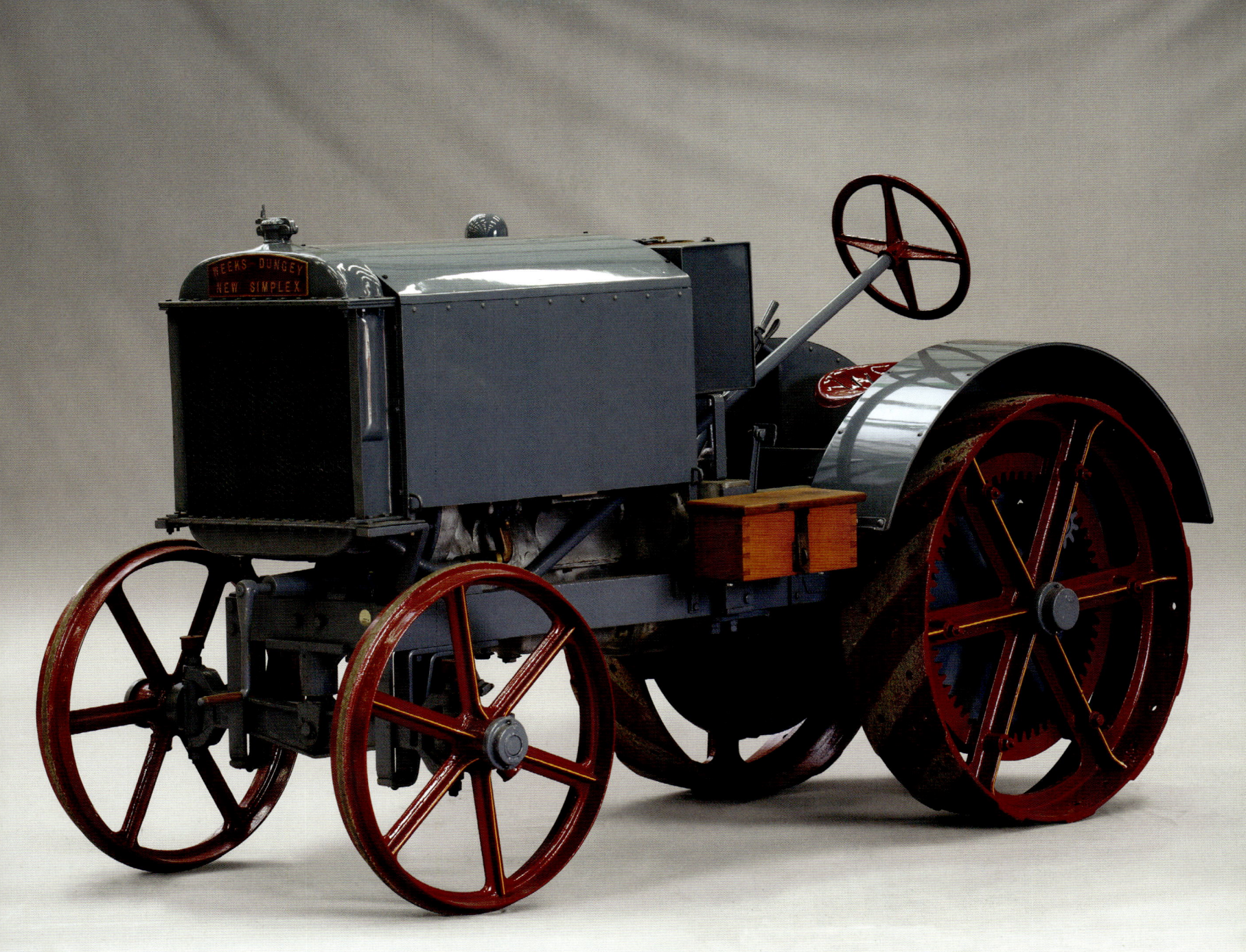

INTERNATIONAL HARVESTER W4

USA, 1940

Nach dem Ersten Weltkrieg wurde IHC einer der dynamischsten Traktorenhersteller mit einer großen Anzahl von Traktoren mit Gummireifen bzw. Raupenschleppern. Neben dem W4 bot er unter der neuen Marke Farmall auch viele Maschinen für die Reihenkultur an. Die Firma existierte bis 1986, dann fusionierte sie mit Case als Teil des Tenneco-Firmenimperiums.

Merkmale

Der Vierzylindermotor des W4 konnte Benzin und Destillat verbrennen und war mit einem Vierganggetriebe verbunden. Der Traktor war auch mit Stahlbereifung erhältlich. IHC gehörte zu den Herstellern, die den amerikanischen Industriedesigner Raymond Loewy beauftragt hatten, dem W4 und seinen Geschwistern ein modernistisches Aussehen zu verpassen. Das Rot von International ersetzte um 1937 das traditionelle Grau.

Nutzung

Der W4 war ein modernes Arbeitspferd, ein robuster Traktor für Feldarbeiten. Mit einer an der Seite montierten Riemenscheibe zum Dreschen und einer Zapfwelle am Heck zum Mähen und Ballenherstellen war er ein Tausendsassa.

Verwandte Typen

Dieses Modell wurde gleichzeitig mit den größeren Typen W6 und W9 vertrieben und 1953 vom Super W4 ersetzt.

Größe und Gewicht

22–24 PS; Gewicht: 1905 kg
Länge: 287 cm
Breite: 147 cm
Höhe: 140 cm

Herstellung und Verbreitung

Über 24.000 Stück vom W4 wurden zwischen 1940 und 1953 in Chicago, Illinois, gebaut und in Nordamerika, Europa, Australien und Neuseeland verkauft. Nach dem Krieg eröffnete IHC eine Fabrik im englischen Doncaster.

Illinois, USA

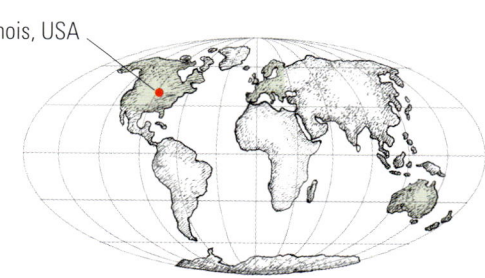

DAVID BROWN 1210
GROSSBRITANNIEN, 1976

Nach der Zusammenarbeit mit Harry Ferguson in den 1930er Jahren schlugen David Brown & Sons mit einer Reihe von erstklassigen Traktoren ihren eigenen Weg ein. Der Typ 1210 war Teil einer modernen Traktorenreihe, die eingeführt worden war, bevor der amerikanische Firmengigant Tenneco das Unternehmen 1972 übernahm. Der Name David Brown wurde etwa 1983 fallen gelassen.

Merkmale

David Brown baute für den 1210 den Vierzylinder-Dieselmotor und das ausgezeichnete Zwölfgang-Syncromesh-Getriebe. Dieser Typ nutzte eine zeitgemäße Hydraulik, eine Zapfwelle mit Dauerantrieb und konnte – wie abgebildet – mit der vorderen Antriebsachse in einen Allradantriebtraktor verwandelt werden. Nach 1965 wurden die Blechteile der David-Brown-Traktoren in Orchid White lackiert, die Gussteile und die Felgen in Poppy Red.

Nutzung

Allradantrieb und Multispeed-Getriebe machten aus dieser Maschine einen Universaltraktor für alle schweren Arbeiten. Heutzutage werden David-Brown-Traktoren bei Sammlern immer beliebter.

Verwandte Typen

Der 1212 hatte ein automatisches Hydrashift-Getriebe. Der 1410 und der 1412 hatten jeweils eine höhere PS-Leistung.

Größe und Gewicht

72 PS; Gewicht: 3447 kg
Länge: 363 cm
Breite: 142–203 cm (verstellbar)
Höhe: 272 cm

Herstellung und Verbreitung

Einige Komponenten wurden in den David Brown-Werken in Leigh bei Manchester hergestellt, die endgültige Montage fand in Meltham bei Huddersfield statt. Der 1210 wurde zwischen 1971 und 1980 gebaut. Aufgrund vieler Exporte finden sich Traktoren in Nord- und Südamerika, Europa, Südafrika, Australien und Neuseeland.

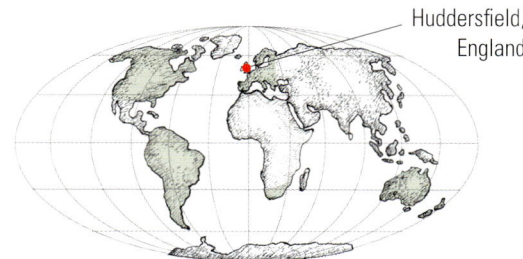

Huddersfield, England

INTERNATIONAL HARVESTER T-20 CRAWLER

USA, 1933

International Harvester benötigte einen starken Nachfolger für seine T-Serie von Kettenfahrzeugen (TD mit Diesel). Sein erster Versuch war der TracTracTor von 1929, ein Raupenumbau des Traktors 10-20. Der T-20 war das erste echte IHC-Kettenfahrzeug, das als solches entworfen worden war, und lief weiterhin unter dem einprägsamen Markennamen TracTracTor.

Merkmale

Der T-20 besaß den firmeneigenen Vierzylinder-Benzin- und Kerosinmotor und ein Dreiganggetriebe, auf Wunsch auch Zapfwelle, Riemenscheibe und Beleuchtung. Die Motorverkleidung gab ihm ein modernes Aussehen, aber er wurde weiterhin in dem traditionellen Grau von IHC lackiert, bis die Firma um 1937 ihr Farbschema änderte und zu Rot wechselte.

Nutzung

Der T-20 war hauptsächlich für Arbeiten in der Landwirtschaft gedacht, konnte aber auch auf dem Bau und bei Waldarbeiten verwendet werden. Er war bei allen Arbeiten hilfreich, die man mit einem Traktor mit Rädern durchführen konnte, bot in brenzligen Situationen aber die Vorteile des Raupenschleppers.

Verwandte Typen

Der T-35 und der T-40 waren größere Maschinen in der gleichen Serie. Der T-20 wurde 1940 durch den T-6 und TD-6 ersetzt.

Größe und Gewicht

25 PS; Gewicht: 3175 kg
Länge: 312 cm
Breite: 140 cm
Höhe: 142 cm

Herstellung und Verbreitung

In den Traktorenwerken von IHC in Chicago, Illinois, wurden zwischen 1931 und 1939 über 15.000 Stück gebaut. Dieser Typ war auch aufgrund des ausgedehnten IHC-Händlernetzes in Europa, Südamerika, Australien und Neuseeland weit verbreitet.

Illinois, USA

CASE CC-3

USA, 1936

Old Abe war der Name des Adlers, der als Case-Maskottchen über viele Jahre des stabilen Erfolgs mit Dampfzugmaschinen und schweren Prärietraktoren wachte. Ab den 1930er Jahren war Case bereit, sich an Kleintraktoren für Reihenkulturen wie dem CC-3 zu versuchen. Auch heute noch ist Case im Namen des weltweit tätigen Landmaschinenherstellers Case New Holland präsent.

Merkmale

Der innovative CC-3 verfügte über einen Vierzylindermotor, der Kerosin verbrennen konnte, und hatte drei Vorwärtsgänge. Der Dreiradtraktor CC-3, gedacht für die Reihenkulturen, hatte ein standardmäßiges Pendant, den CC-4. Diese Typen gehörten zu den letzten Case-Traktoren mit grauem Fahrgestell und roten Rädern.

Nutzung

Der CC-3, mit verstellbarer Spurweite und einer Auswahl von Anbaugeräten, war ideal zum Getreideanbau. Das historische Dreiraddesign macht ihn heute zu einem begehrten Sammlerstück.

Verwandte Typen

Der Nachfolger des CC-3 war der RC, später der VC und der VAC. Der CC-4 war die Standardvariante des CC-3 mit vier Rädern.

Größe und Gewicht

27 PS; Gewicht: 1860 kg
Länge: 348 cm
Breite: 122–213 cm (verstellbar)
Höhe: 145 cm

Herstellung und Verbreitung

Der CC-3 wurde zwischen 1929 und 1939 von der J.I. Case Threshing Machine Co. in Racine, Wisconsin, gebaut und war sehr beliebt im „Maisgürtel" im Mittleren Westen der USA. Er wurde auch in Großbritannien, Europa, Australien und Neuseeland verkauft.

Wisconsin, USA

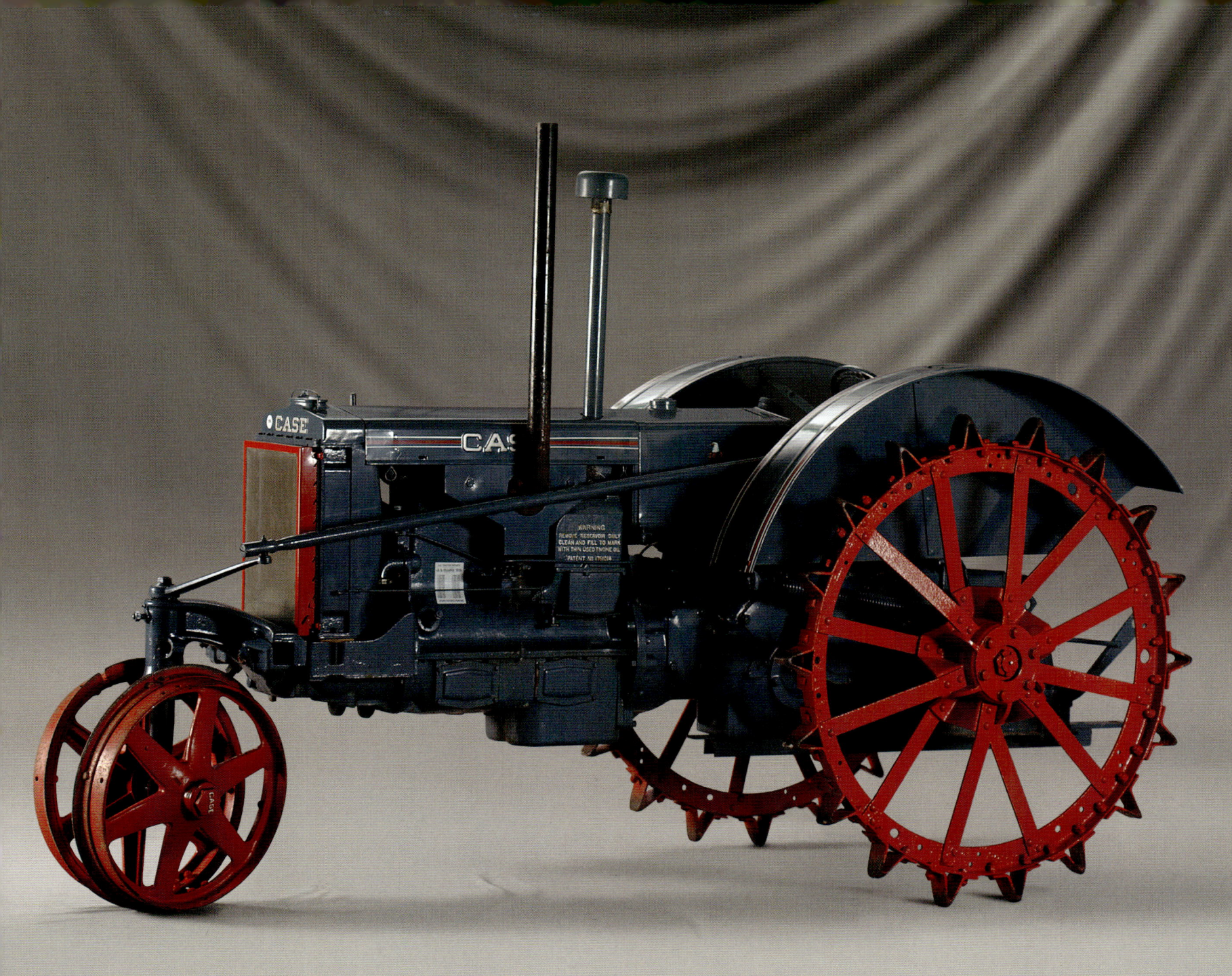

BRITISH WALLIS

GROSSBRITANNIEN, ca.1925

Zwei Firmen nutzten den Namen Case. Die eine, die J.I. Case Threshing Machine Co., entwickelte sich zu dem Unternehmen, dessen Name noch heute auf Traktoren zu finden ist, die andere, die J.I. Case Plow Works, baute die Wallis-Traktoren, benannt nach dem Firmendirektor Henry Wallis. 1919 erhielten Ruston & Hornsby die Lizenz, den Wallis-OK-Typ in Großbritannien zu bauen; sie nannten ihn BRITISH WALLIS.

Merkmale

Der British Wallis hatte einen vor Ort hergestellten Ruston-Vierzylindermotor, der Benzin und Kerosin verbrannte. Er besaß ferner zwei Vorwärtsgänge. Wallis war bekannt für seine besondere Konstruktion, die es ermöglichte, einzelne Elemente auszubauen, um Motor und Getriebe problemlos zu warten. Der British Wallis hatte ein modernistisches Design, das durch das freundliche Grün mit den roten Rädern betont wurde.

Nutzung

Der British Wallis war ein ausgezeichneter Universaltraktor für Dresch- und Feldarbeiten. Dieser Typ ist heutzutage sehr selten und daher ein sehr begehrtes Sammlerstück.

Verwandte Typen

Die Herstellung des British Wallis wurde eingestellt, aber Massey-Harris, der die J.I. Case Plow Works 1928 kaufte, führte das Wallis-Design bis zum Zweiten Weltkrieg mit seinem Pacemaker, Challenger und Typ 25 fort.

Größe und Gewicht

28 PS; Gewicht: 1678 kg
Länge: 335 cm
Breite: 155 cm
Höhe: 160 cm

Herstellung und Verbreitung

Gebaut wurde der British Wallis von 1919 bis etwa 1928 in Lincoln. Diese Traktoren finden sich gelegentlich in Australien und Neuseeland.

Lincoln, England

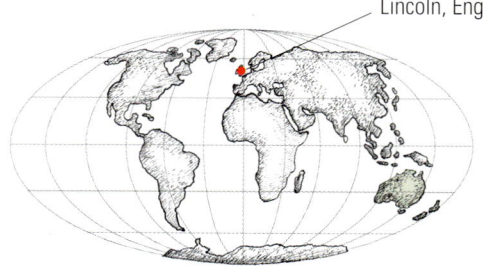

CHAMBERLAIN SUPER 70

AUSTRALIEN, 1960

Chamberlain Industries bezog nach dem Zweiten Weltkrieg eine alte Rüstungsfabrik in Welshpool, Australien, und wurde Teil einer langen Liste australischer Traktorenhersteller. Ihre erste Maschine, der 40K, kam 1949 auf den Markt. Der spätere SUPER 70 wurde als „Kraftwerk auf Rädern" beworben und seine hohe Konstruktionsqualität erlaubte es, dass er mit Exporten größerer Firmen nach Australien mithalten konnte.

Merkmale

Für den Super 70 wechselte Chamberlain von seinen eigenen Zweizylindermotoren zu den leistungsstarken Zweitaktmotoren 3-71 von General Motors (Detroit), die mit einem Neunganggetriebe einhergingen. Der Super 70 hatte mit seinem Farbschema in Orange ein eher schnörkelloses Design.

Nutzung

Der Super 70 war auch an langen schweren Arbeitstagen auf den Feldern absolut zuverlässig. Chamberlain produzierte verschiedene Anbaugeräte wie beispielsweise Pflüge, die zum Traktor gehörten.

Verwandte Typen

Der Super 90 war eine leistungsstarke Ergänzung im Katalog von Chamberlain. Die spätere Champion-Serie hatte ein Sechsganggetriebe.

Größe und Gewicht

70 PS; Gewicht: 4400 kg
Länge: 356 cm
Breite: 178 cm
Höhe: 224 cm

Herstellung und Verbreitung

Der Super 70 wurde von 1955 bis 1962 in Welshpool, nahe Perth in Westaustralien, gebaut. Die Verkäufe liefen in Australien und Neuseeland gut, einige Exemplare erreichten Südafrika und Großbritannien.

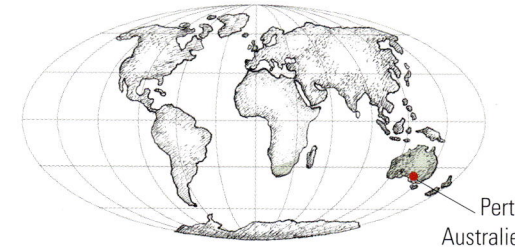

Perth, Australien

MASSEY-FERGUSON 135

GROSSBRITANNIEN, 1969

Massey-Fergusons Typ 135 war einer der kleinsten in der 100er oder „Red Giant"-Reihe, die letzten Endes Modelle bis zu 120 PS bot. Neben dem Hauptsitz im kanadischen Toronto hatte Massey-Ferguson Fertigungsstätten in verschiedenen Ländern. Aufgrund finanzieller Schwierigkeiten wurde M-F 1994 Teil des Landmaschinenimperiums AGCO, aber der Markenname M-F wird noch immer verwendet.

Merkmale

Der 135 hatte einen Perkins Dreizylinder-Dieselmotor, auf Wunsch auch einen Vierzylinder-Benzinmotor. Das Standardgetriebe bot sechs Gänge in zwei Gruppen, man konnte sich auch für ein Multipower-Getriebe entscheiden. Der 135 hatte dunkelrote Kotflügel und Motorhaube, der Kühlergrill war in Silver Mist lackiert, eine Farbe, die auch als Alternative zum Ferguson-Grau auf den Rädern zu finden war.

Nutzung

Der 135 war der ultimative Universaltraktor und auch heute noch erfüllen Tausende ihren täglichen Dienst. Das Ferguson-Anhängesystem erlaubte, dass eine große Gerätevielfalt an den Traktor angebaut werden konnte.

Verwandte Typen

Der 135 ersetzte die alte 35er Serie und wurde Mitte der 1970er Jahre vom neu gestalteten M-F 245 verdrängt.

Größe und Gewicht

45 PS; Gewicht: 1451 kg
Länge: 300 cm
Breite: 163 cm
Höhe: 150 cm

Herstellung und Verbreitung

Über 350.000 Stück wurden zwischen 1965 und Mitte der 1970er Jahre in Coventry gebaut. Viele Exemplare entstanden auch in Detroit, Michigan. Der 135 wurde in Großbritannien, ganz Amerika, Europa, Afrika, Indien, Australien und Neuseeland vertrieben.

Michigan, USA

Coventry, England

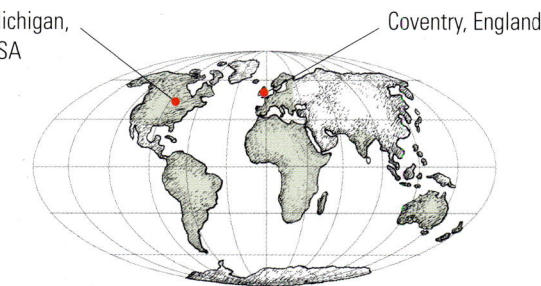

REPORTAGE

Wenn ein Mann daheim tatsächlich KÖNIG ist, dann ist ihm sein Traktor sowohl *vertrauter Knappe* wie auch unentbehrliches ROSS. Die Restaurierung und Instandhaltung der Ausrüstung ist ein *Liebesdienst* und PFLUGTURNIERE bieten dem Besitzer die Möglichkeit, *Mensch* und *Maschine* auf die Probe zu stellen.

Paul Rackhams
Sammlung,
Grossbritannien

Reparier den Motor und polier dann die gelbe Lackierung, bis sich mein Gesicht darin spiegelt!

Leistungspflügen
im Weald
of Kent,
Grossbritannien

Traktorenbesitzer setzen
alle Hebel in Bewegung.

Motto im Leben wie auf dem Traktor: immer auf dem rechten Weg bleiben.

Es ist wichtig, dass man gerade Furchen pflügt.

Junge, macht
das Spaß!

Entscheidend ist, unter
Druck cool zu bleiben.

Ich hab's raus:
gerade, parallele
Furchen.

Höhepunkt
des Jahres für die
ganze Familie!

Großer Spaß auch
auf vier Beinen

Man ist nie zu jung ODER
zu alt für den Wettbewerb!

Neu und historisch,
wuchtige Maschinen
und kleine Modelle,
Menschen und
Traktoren lieben das
Leistungspflügen
und einen Preis!

Urlaubsfotos aus den Staaten New York & Vermont, USA

Viel Freude beim Restaurieren!

Meine Urlaubsfotos unterscheiden sich von den meisten … Nächstes Jahr geht's nach Iowa.

Den Schnappschuss konnte ich mir nicht verkneifen!

Wunschliste:

Auf einen Johnny Popper sparen!

Nicht umsonst ist einem ein Deere lieb und teuer.

LV·Buch

Wir lieben das Landleben.

„Produktdesign ist die Kunst des zwanzigsten Jahrhunderts." Stephen Bayley

GLOSSAR

Destillat Minderwertiger Treibstoff

Dreipunktaufhängung Vorrichtung meist an der Rückseite des Traktors, mit deren Hilfe Geräte angebaut werden können

Glühkopf Vorrichtung, die mithilfe einer Flamme vorgewärmt wird, um den Motor zu starten, der mit verschiedenen (auch minderwertigen) Kraftstoffen angetrieben werden kann

Hydraulik Verwendung von Flüssigkeit (meist Öl) zur Kraft- und Energieübertragung, beispielsweise um Geräte anheben, absetzen oder antreiben zu können

Leichter Traktor im Gegensatz zu den Prärietraktoren spätere, leichte Traktorenbauweise, meist aufgrund einer rahmenlosen Konstruktion

Lend-Lease-Programm Leih- und Pachtvertrag, aufgrund dessen die USA vor ihrem Eintritt in den Zweiten Weltkrieg Traktoren (und Kriegsmaterial) nach Großbritannien und in andere alliierte Länder exportierten

Oben liegende Ventile (OHV) Motorentyp, bei dem die Ein- und Auslassventile über den Kolben liegen

Pferdestärke (PS) häufig verwendetes Standardmaß der Leistung. Frühe Typenbezeichnungen geben manchmal die PS am Zughaken und am Treibriemen an, z.B. 10-20 oder 8-16.

Pflegetraktor Traktor mit größerer Bodenfreiheit und verstellbarer Spurweite, der besonders im Gemüsebau, in Baumschulen oder Reihen- bzw. Sonderkulturen eingesetzt wird. Üblicherweise sind es Dreiradtraktoren, aber auch manche Standardtraktoren fallen in diese Kategorie.

Prärietraktoren frühe, schwergewichtige Traktoren mit geringer Formgebung, vornehmlich zur Bodenbearbeitung auf den amerikanischen Prärien entwickelt

Riemenscheibe Antriebsvorrichtung für einen Flachriemen, um eine Dreschmaschine oder ein anderes Gerät anzutreiben

Tiefenkontrolle System – wie beispielsweise das Ferguson-System –, das über eine Hydraulik automatisch die Arbeitstiefe der Geräte einstellt

Viertaktmotor gängigster Traktorenmotor, der viertaktig nach folgendem Prinzip funktioniert: ansaugen, verdichten, arbeiten, ausstoßen

Zapfwelle (PTO) normalerweise eine Zahnwelle am Getriebe, an der eine Antriebswelle befestigt werden kann, um beispielsweise eine Mähmaschine anzutreiben

Zweitaktmotor Motor, der im Unterschied zum Viertaktmotor zweitaktig arbeitet

OLDTIMER-TREFFEN

Die Schlepperfreunde im Rheinland
Alle zwei Jahre, die Daten sind auf der Website zu finden.
Kühlerhof, Hückelhoven-Doveren
Lanz-Bulldog-Verein „West" e. V.
Vorstadt 23, 41812 Erkelenz
Tel.: 0 24 35/23 80
www.lanzbulldog.de

Historischer Feldtag
Mitte August
Treckerveteranenclub Nordhorn
Bahnhofstr. 21, 48529 Nordhorn
Tel.: 0 15 78/7 63 88 52
www.treckerclub.de

International Historisch Festival
Ende Juli
Historische Motoren en Tractoren Vereninging
Ruiterrein „De Vosberg", Ninnesweg 176
5981 PD Panningen, Niederlande
www.htmklep.nl

DANKSAGUNG

Unser besonderer Dank gilt folgenden Personen für ihre freundliche Unterstützung: Chris Clemens, Stuart Gibbard, Guy Heaslip, Harold und Pansy Kent, Harold Kuret, Joerg Mueller, David Parfitt, Brenda Stant und The Elite Steam Restoration Team.

Wir möchten uns außerdem bei Paul Rackham, Liz Briggs und Lee Martin für ihre Hilfe und Kooperation bei den Fotoaufnahmen bedanken.

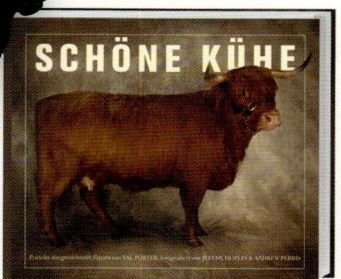